LA NOTION DE GRAMMATICALITE EN GRAMMAIRE GENERATIVE-TRANSFORMATIONNELLE

PUBLICATIONS ROMANES
DE L'UNIVERSITÉ DE LEYDE

sous la rédaction de S. Dresden et Q.I.M. Mok

VOL. XXII

LA NOTION DE GRAMMATICALITE EN GRAMMAIRE GENERATIVE-TRANSFORMATIONNELLE

Etude générale et application à la syntaxe de l'interrogation directe en français parlé

BERNARD AL

1975
PRESSE UNIVERSITAIRE DE LEYDE

ISBN 90.6021.279.7

A la mémoire de
L. Kukenheim Ezn.

Avant-propos

A mesure que notre travail avançait,nous avons mieux compris que même dans une faculté des lettres,où la recherche strictement individuelle est,souvent encore,de règle,la collaboration avec d'autres chercheurs est une condition nécessaire pour obtenir un résultat tant soit peu satisfaisant.C'est pourquoi nous tenons à exprimer notre reconnaissance à toutes les personnes qui ont contribué directement à la réalisation de cette étude.

Nous remercions de tout coeur le professeur Schultink pour avoir accepté de diriger nos travaux.Seules les quelques personnes qui ont pu prendre connaissance de la version préliminaire de notre manuscrit peuvent mesurer l'importance de son apport.

Les discussions que nous avons eues avec M.M. Levelt,Mok et Zwanenburg nous ont permis d'améliorer le fond et la forme de cet ouvrage sur plusieurs points.

Mme Went-Daoust nous a beaucoup obligé en prenant sur elle la tâche de relire le manuscrit complet.Grâce à elle nous avons pu redresser mainte inadvertance.

Finalement,nous dédions ce livre à la mémoire de celui qui nous a initié à la linguistique,L.Kukenheim Ezn.

Introduction

"Toute théorie scientifique intéressante cherchera à établir des relations entre données d'observations,en formulant des lois générales en termes de constructions hypothétiques et en livrant la démonstration que certains faits observables découlent de ces lois" (Chomsky 1955:6).Pour ce qui est de la théorie linguistique[1],ceux qui s'y appliquent sont en général d'accord pour dire que les données d'observation dont elle devrait rendre compte sont constituées d'énoncés d'une part et de jugements intuitifs concernant ces énoncés d'autre part.Constatant que ces deux collections de données peuvent être agrandies à volonté,le linguiste se trouve confronté avec le fait fondamental,qui a été formulé à maintes reprises par Chomsky (1957:15,23 ; 1961:222 ; 1963:1,61,64 ; 1964:7 ; 1965:15 ; 1966:4),à savoir que tout sujet adulte parlant une langue donnée est à tout moment capable d'émettre spontanément,ou de percevoir et de comprendre un nombre infini d'énoncés dans des contextes appropriés que,pour la plupart,il n'a jamais prononcés ni entendus auparavant.C'est cette aptitude qui a reçu le nom de compétence.Il ne faut pas la confondre avec l'aptitude du sujet parlant à exprimer un jugement intuitif à propos d'un énoncé.En effet,celle-ci présuppose celle-là (cf. Botha 1968:69-78).

L'hypothèse générative-transformationnelle concernant la compétence linguistique du sujet est qu'elle peut être caractérisée au moyen du système spécifique de règles qu'on est convenu d'appeler grammaire transformationnelle.La

[1] Pour une étude détaillée portant sur le statut épistémologique de la linguistique,voir Botha (1968:48-116).

théorie linguistique générale spécifie la forme des grammaires particulières (relation entre les composantes,types de règles et vocabulaire) et doit fournir également une méthode d'évaluation permettant,entre plusieurs hypothèses sur la grammaire d'une langue,de choisir la meilleure (voir Chomsky 1957:49-60 ; 1964:7-27 ; 1965:18-47 ; 1966:1-13).Toute grammaire particulière est elle-même une théorie déductive qui, étant donné ses prétentions empiriques,doit faire des prédictions falsifiables.Une grammaire générative-transformationnelle fait effectivement de telles prédictions puisqu'elle engendre une infinité de séquences finies de sons, chacune dotée d'une ou de plusieurs descriptions structurales et pourvue d'une ou de plusieurs interprétations sémantiques.On peut falsifier ces prédictions en démontrant qu'elles ne correspondent pas aux données d'observation.En ce cas la grammaire est inadéquate.Elle peut aussi être prouvée inadéquate,si l'on réussit à démontrer qu'il existe une catégorie de données dont cette grammaire devrait rendre compte,mais qu'en réalité elle n'arrive pas à expliquer[2]. Une preuve d'inadéquation peut avoir trait à la capacité générative faible de la grammaire proposée ou à sa capacité générative forte.La capacité générative faible désigne l'ensemble des séquences qu'une grammaire est capable d'engendrer,ces séquences étant *ipso facto* grammaticales.La capacité générative forte d'une grammaire désigne l'ensemble des descriptions structurales qu'elle attribue aux séquences engendrées (cf. Chomsky 1963:60 ; 1965:60).

Cette étude est consacrée avant tout au problème de l'adéquation d'une grammaire générative-transformationnelle du point de vue de sa capacité générative faible.Autrement dit,nous nous proposons d'examiner la relation entre l'ensemble des séquences engendrées par une telle grammaire et l'ensemble des énoncés jugés acceptables par le sujet par-

---

[2] A côté de cette justification par des arguments externes (correspondance avec le fait linguistique),il y a la justification par des arguments internes,c'est-à-dire des arguments tirés de la relation entre une grammaire et la théorie linguistique générale qui constitue une hypothèse explicative concernant la forme du langage comme tel (voir Chomsky 1965:27).

lant.En soi,comme le note à juste titre Chomsky,"il est vraisemblable que la discussion de la capacité générative au sens faible représente seulement une étape initiale très primitive dans l'étude de la grammaire générative.Les questions véritablement intéressantes du point de vue de la linguistique ne se posent que si la capacité générative au sens fort (adéquation descriptive) et,ce qui est plus important,l'adéquation explicative,deviennent le centre de la discussion" (1965:61).Cela n'empêche pas que la façon dont cette étape initiale a été parcourue,en particulier par Chomsky,soulève un certain nombre de questions qui méritent qu'on s'y arrête un peu plus longuement.

La première partie de ce livre est consacrée à une étude générale de la notion de grammaticalité.Après avoir constaté que la relation entre l'ensemble des séquences grammaticales et celui des énoncés acceptables est sujette à discussion,nous essaierons de répondre à la question de savoir ce que c'est qu'un énoncé acceptable.A cette fin nous recourrons aux résultats d'un certain nombre de travaux psycholinguistiques.Ce sont également ces résultats qui nous permettront ensuite d'évaluer une hypothèse de Chomsky concernant la notion théorique de degré de grammaticalité et de formuler nous-même une autre proposition.La première partie se termine par un examen des arguments de ceux qui estiment que l'ensemble des énoncés acceptables ne saurait correspondre totalement à celui des séquences engendrées par la grammaire.

Dans la deuxième partie nous explorerons en détail un fragment de la syntaxe du français parlé en vue de la mise à l'épreuve des principes définis dans la première partie. Si nous avons choisi l'interrogation directe,c'est parce que ce sujet a été relativement bien étudié,aussi bien sur le plan taxonomique : Behnstedt (1973),que sur celui de la description transformationnelle : Dubois & Dubois-Charlier (1970),Hirschbühler (1971),Kayne (1973),Langacker (1965, 1966,1972),Meisel (1973) et Zwanenburg (1975).En premier lieu,nous dresserons l'inventaire des constructions interrogatives en faisant la distinction entre trois niveaux de langue,et nous passerons en revue les facteurs qui déterminent le degré d'acceptabilité relative d'un énoncé interrogatif.Ensuite nous proposerons une description générative-transformationnelle rendant compte de toutes les formes observées.Puis nous tenterons de différencier les trois niveaux de langue.Finalement nous examinerons la question de savoir si le mécanisme d'attribution de degrés de grammaticalité,que nous aurons défini dans la première partie,permet effectivement d'exprimer les différences d'acceptabilité constatées.

Une conclusion générale reconstituera ce que l'analyse aura séparé.

Sur le plan de la terminologie il existe une confusion totale dans la littérature qui a trait à la notion de grammaticalité.C'est pourquoi nous tenons à préciser ici le sens des termes que nous utiliserons.Conformément à une proposition de Bar-Hillel (1967:537-8),nous distinguerons strictement les notions théoriques des notions non théoriques.Parmi les premières nous comptons celles de *compétence*,de *performance*,de *règle* ainsi que celles de *phrase* et de *séquence*. C'est à ces entités que se rapportent les termes suivants : *grammatical*,*bien formé*,*semi-grammatical* et *degré de grammaticalité*.Une phrase est une séquence grammaticale.Les notions non théoriques sont du domaine des données d'observation.Lorsqu'il en sera question,nous utiliserons les termes suivants : *acceptable*,*inacceptable*,*peu acceptable*,*anomalie* et *degré d'acceptabilité*.L'astérisque (*) sera utilisé seulement pour marquer les séquences qui ne sont pas engendrées par la grammaire de l'interrogation directe que nous proposerons dans la deuxième partie de ce livre.Pour indiquer une relation d'acceptabilité entre deux énoncés,nous nous servirons des symboles $^{@}<$ et $>^{@}$,qui signifient respectivement 'moins acceptable que' et 'plus acceptable que'.

Première partie

Etude générale de la notion de grammaticalité

Chapitre 1

Relation entre les ensembles A et G

Parmi les cinq relations théoriquement possibles entre l'ensemble des énoncés qui correspondent aux séquences engendrées par une grammaire générative (ensemble G) d'une part et l'ensemble des énoncés jugés acceptables par le sujet parlant (ensemble A) d'autre part,celle d'équivalence (première possibilité de la figure 1) nous semble intuitivement la meilleure.

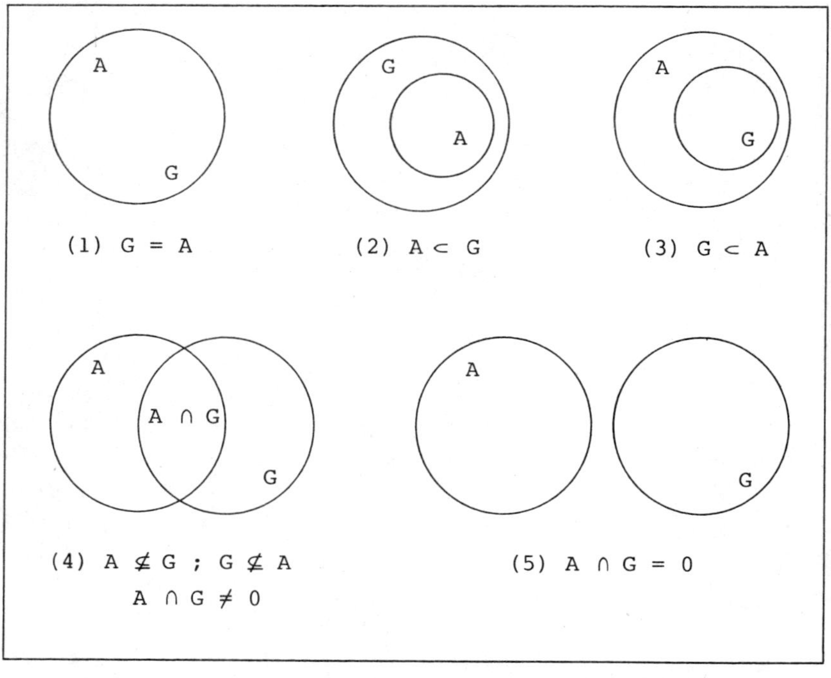

Figure 1 : Cinq possibilités théoriques pour représenter la relation entre les ensembles A et G

Aussi ne sommes-nous pas étonné que Chomsky écrive en 1957 (p.13):"Une des manières pour mettre à l'épreuve l'adéquation d'une grammaire proposée,consiste à vérifier si oui ou non les séquences qu'elle engendre sont effectivement grammaticales,c'est-à-dire acceptables pour le sujet parlant".[1] Pour bien comprendre cette citation,il faut savoir que dans l'oeuvre de Chomsky le mot 'grammatical' n'est pas univoque. En effet,dans certains contextes ce mot est utilisé comme terme théorique (voir Chomsky 1957:14,42-3,54 ; 1961:221, 233 ; 1965:19,75-9 et 227-8),mais souvent aussi il désigne un concept purement intuitif (voir Chomsky 1957:13,35,54, 81 ; 1961:225 sv. ; 1965:151)[2].Il est clair que,dans le passage que nous venons de citer,'acceptable pour le sujet parlant' est synonyme de 'grammatical' dans le sens intuitif de ce terme.

Par la suite,malheureusement,Chomsky en est venu à défendre un point de vue très différent de celui qu'il avait adopté en 1957.Parallèlement à la distinction qui,à partir de 1965,oppose la compétence ("ce que le sujet parlant sait de sa langue") à la performance ("la mise en oeuvre de cette compétence dans des actes de parole concrets" - Chomsky 1965:4),la notion de grammaticalité s'opposerait à la notion d'acceptabilité : "La notion d'acceptable",dit Chomsky," ne doit pas être confondue avec celle de grammatical.L'acceptabilité est un concept qui relève de l'étude de la performance,alors que la grammaticalité relève de l'étude de la compétence"(1965:11).Le parallélisme n'est pas total toutefois, car si le terme 'grammatical' continue à désigner un concept intuitif en même temps que la notion théorique correspondante,le terme 'acceptable' semble être utilisé seulement dans un sens intuitif : "convenons d'employer le terme 'acceptable',dit encore Chomsky,pour désigner des énoncés qui sont

---

[1] Voir aussi Chomsky (1957:49 ; 1961:221),Fillmore (1972) et Lyons (1968:137-157).

[2] L'ambiguïté du mot 'grammatical',tel qu'il est utilisé par Chomsky, apparaît clairement dans le passage suivant : "I am using the terms 'grammatical' and 'degrees of grammaticalness' in a technical sense (which is,however,not unrelated to the ordinary one)"(1961:233).

parfaitement naturels,immédiatement compréhensibles sans analyse écrite,et qui ne sont d'aucune façon bizarres ou exotiques"(1965:10 ; cf. aussi 1965:195).Par exemple,suivant cette définition,les énoncés correspondant à la séquence

(1) *Le rat que le chat que le chien a chassé a tué a mangé le fromage* (exemple de Ruwet 1968:132)

seraient moins acceptables que ceux qui correspondent à la séquence

(2) *Le chien a chassé le chat qui a tué le rat qui a mangé le fromage*

mais du point de vue de la grammaticalité (1) ne se distinguerait pas de (2).Quant à la relation entre acceptabilité et grammaticalité,Chomsky déclare que "la grammaticalité est seulement l'un des nombreux facteurs qui,par leur interaction,déterminent l'acceptabilité" et "qu'il serait impossible de caractériser en termes grammaticaux les phrases inacceptables"(1965:11).Et il continue : "Nous ne pouvons formuler des règles particulières de la grammaire permettant de les exclure.Manifestement nous ne pouvons pas les exclure non plus en limitant le nombre de réapplications des règles grammaticales dans la génération d'une phrase,puisque l'inacceptabilité peut aussi bien provenir de l'application de règles distinctes,chacune n'étant appliquée qu'une seule fois"(1965:11-2).Encore récemment Chomsky a réaffirmé ses opinions à cet égard en disant que "les propriétés des énoncés dont (...)[Bever (1970a)] rend compte en termes de stratégies de performance ne peuvent pas être exprimées (de façon naturelle) sur le plan grammatical"(1973:275).Il semble donc qu'en ce qui concerne la relation entre les ensembles A et G,Chomsky,à partir de 1965,opte pour l'inclusion stricte du premier dans le second (deuxième possibilité représentée dans la figure 1)[3].Ce point de vue est partagé par

---

[3] En réalité,la position de Chomsky n'est pas très claire.La raison en est qu'à côté des termes 'grammatical' et 'acceptable' on trouve ceux de 'déviant' et 'interprétable'(1965:148-163).La relation entre ces quatre termes n'est définie nulle part,mais s'il fallait procéder à une exégèse,notre proposition serait la suivante : la notion d'acceptabilité relève,comme nous l'avons signalé plus haut,de l'étude de la performance, les trois autres de celle de la compétence;le terme 'déviant' se rappor-

Botha (1968:21),Levelt (1974,II:7) et Ruwet (1968:387).

Pour autant que nous sachions,personne n'a jamais prétendu qu'il n'y a aucune relation entre les deux ensembles (cinquième possibilité de la figure 1) et la troisième possibilité,selon laquelle l'ensemble G serait strictement inclus dans l'ensemble A,ne semble pas avoir trouvé de défenseur non plus.Par contre,Kimball (1973:15-6) et Langendoen e.a. (1973) estiment que les deux ensembles sont en relation d'équipollence (quatrième possibilité représentée dans la figure 1).Kimball distingue en effet quatre types d'énoncés qu'il illustre par les exemples suivants.La première catégorie contiendrait les énoncés acceptables auxquels correspondent des séquences engendrées par la grammaire (type A;G) par exemple,les énoncés de la séquence

(3) *It is raining*

La deuxième catégorie comprendrait les énoncés jugés inacceptables,mais auxquels correspondent quand-même des séquences engendrées par la grammaire (type $\overline{A}$;G),par exemple,les énoncés de la séquence

(4) *Tom figured that that Susan wanted to take the cat out bothered Betsy out*

La troisième catégorie se composerait d'énoncés jugés acceptables dans certaines circonstances,qui peuvent être définies en termes de niveaux de langue ou de registres.Selon Kimball,la grammaire n'engendrerait pas de séquences correspondant à des énoncés de ce type (A;$\overline{G}$),par exemple,les énoncés de la séquence

(5) *They am running*

Finalement il y aurait les énoncés jugés inacceptables dont

---

te à l'ensemble des séquences qui ne sont pas strictement bien formées, c'est-à-dire les séquences que la grammaire ne devrait engendrer qu'au moyen de règles additionnelles;le mot 'grammatical' a un sens plus restreint chez Chomsky que dans notre étude,puisque chez lui ce mot ne couvre,semble-t-il,que les cas qu'on peut décrire en termes syntaxiques;le terme 'interprétable',finalement,a trait seulement aux cas sémantiques. Signalons cependant que dans les contributions de Chomsky postérieures à 1965,et en particulier dans celle de 1973 (pp. 239,244-5,264,268),l'auteur utilise indifféremment les termes 'acceptable' et 'grammatical' là où,étant donné la position de Chomsky (1965),on se serait attendu à trouver seulement le mot 'grammatical'.

on peut dire que les séquences correspondantes ne sont pas engendrées non plus (type $\overline{A};\overline{G}$),par exemple,les énoncés de la séquence

(6) *Tom and slept the dog*

Comme les avis sont partagés sur la question qui nous intéresse,nous nous proposons d'évaluer les arguments de ceux qui posent que les ensembles A et G ne se recouvrent pas.Mais,pour mieux sauter,il nous faut d'abord reculer de deux pas.Nous allons commencer par déterminer plus exactement ce que c'est qu'un énoncé acceptable.Puis,nous examinerons les propositions qui ont été faites jusqu'ici pour rendre compte,en termes de grammaticalité,de certains cas d'acceptabilité réduite.C'est après seulement que nous reviendrons sur le problème de la relation entre les ensembles A et G.

Chapitre 2

Qu'est-ce qu'un énoncé acceptable?

Comme point de départ de notre analyse du phénomène de l'acceptabilité,nous avons choisi la définition suivante de Lyons : "un énoncé acceptable est un énoncé qui a été produit,ou qui pourrait l'être,par un locuteur natif dans un contexte approprié,et que d'autres locuteurs natifs acceptent ou accepteraient comme appartenant à leur langue" (1968:137).Cette définition a le mérite de poser que le critère d'appartenance d'une phrase à une langue naturelle passe par une épreuve d'acceptabilité,où des énoncés correspondant aux phrases engendrées par une grammaire sont présentés à des informateurs chargés de porter sur eux un jugement.En soi,le recours à de tels jugements n'a rien pour nous étonner,puisque de tout temps les linguistes s'en sont servis pour compléter leurs données d'observation.En linguistique générative-transformationnelle toutefois,le jugement d'acceptabilité est devenu l'instrument de mesure par excellence (au détriment de l'utilisation de corpus),sans qu'on se soit beaucoup soucié de la sûreté et de la validité des données ainsi obtenues.A l'origine Chomsky avait espéré que les linguistes,dans la grande majorité des cas,seraient d'accord entre eux,de sorte que les quelques difficultés qui resteraient pourraient être tranchées par la théorie elle-même (1957:14 ; voir aussi Botha 1973:204-7 et Katz 1972:55). Dans la pratique il en a été tout autrement : le désaccord sur les faits est devenu règle plutôt qu'exception.Parmi les nombreux linguistes et psychologues qui s'inquiètent de cet état de choses,citons Bever (1970a,b),Bolinger (1968),Fillenbaum (1971),Greenbaum (1973),Householder (1973),Labov (1972),Leech (1968),Levelt (1972,1974),Schlesinger (1971) et

Uhlenbeck (1973).Dans ces conditions,il convient de s'interroger sur les trois paramètres qui,abstraction faite du matériel linguistique qui fait l'objet du test,déterminent le résultat d'une épreuve d'acceptabilité (cp. Boons 1973:185). Ce sont :

- les sujets à qui on demande d'exprimer un jugement ;
- les conditions dans lesquelles l'épreuve a lieu : présentation du matériel,instructions données,etc. ;
- la méthode utilisée pour obtenir le jugement d'acceptabilité.

En ce qui concerne le facteur 'sujets',il va de soi qu'il devient incontrôlable si,comme c'est fréquent,le linguiste est lui-même son propre informateur.Les jugements intuitifs d'autres linguistes ne sont guère plus utilisables.Pour s'en convaincre,il suffit de prendre connaissance des résultats d'une petite expérience faite par Levelt (1972).Cet auteur avait demandé à vingt linguistes versés dans la matière d'exprimer un jugement de grammaticalité à propos d'énoncés de quatorze séquences qui avaient été utilisées à titre d'exemples par des linguistes connus,tels que Chomsky,Lakoff et Postal.L'analyse des résultats de ce test révéla que les énoncés correspondant aux séquences qui avaient été notées comme grammaticales par leurs auteurs respectifs,avaient recueilli deux fois moins de jugements positifs que les énoncés correspondant aux séquences agrammaticales! Concluons que pour atteindre un niveau de connaissance intersubjective suffisant,il est nécessaire que le linguiste se serve d'un grand nombre d'informateurs,variant en âge,en sexe et en origine sociale et géographique (cf. Labov 1972).Cela dit,nous tenons à préciser que nous ne contestons nullement l'importance de la description exhaustive d'un dialecte ou même d'un idiolecte.

Les effets causés par la variation des conditions dans lesquelles l'épreuve a lieu ont été examinés entre autres par Greenbaum & Quirk (1970:50-8).Ils constatent que l'idée que se font les informateurs sur le but de l'épreuve à laquelle ils participent,influe fortement sur les jugements exprimés.Il est évident aussi que le fait de présenter le matériel linguistique de l'épreuve oralement ou par écrit détermine en partie les résultats obtenus,surtout s'il s'agit d'énoncés longs et complexes.Bever (1970a:15),finalement,illustre comme suit l'effet considérable que peut avoir l'ordre de présentation des énoncés.Il rapporte qu'il avait soumis à ses informateurs des énoncés correspondant à la paire de séquences suivante :

(1) *The boat floated on the creek and sank*

(2) *The boat floated on the creek sank*

Beaucoup d'informateurs considéraient (2) comme une version déformée et inacceptable de (1).Mais lorsqu'il eut présenté (2) dans le contexte suivant :

(3) *The boat that was floated on the creek sank*

(4) *The boat put on the creek sank*

(2) *The boat floated on the creek sank*

l'énoncé passa sans aucune difficulté.En français l'expérience pourrait être faite également,témoin les exemples suivants.L'effet des conditions de réalisation de l'épreuve y est particulièrement clair d'ailleurs,puisque seule une présentation orale pourrait avoir l'effet prédit.

(5) / lə ʃjẽ parti é abwaja / *(le chien partit et aboya)*

(6) / lə ʃjẽ parti abwaja / *(le chien parti aboya)*

(7) / lə ʃjẽ ki étè parti abwaja / *(le chien qui était parti aboya)*

(8) / lə ʃjẽ perdü abwaja / *(le chien perdu aboya)*[1].

Tous les effets que nous venons de mentionner peuvent en principe être neutralisés.Il est d'autant plus regrettable que les variables en question ne soient presque jamais contrôlées dans la pratique linguistique.

Il nous reste à examiner la forme de l'épreuve d'acceptabilité.De toutes les méthodes possibles,c'est la méthode 'absolue et directe' qui est le plus fréquemment utilisée en linguistique.Elle consiste simplement à demander à un ou plusieurs informateurs si tel ou tel énoncé est 'grammatical','significatif' ou 'ordinaire' (Hill 1961,Maclay & Sleator 1960).Malheureusement c'est aussi la plus mauvaise mé-

---

[1] Sur l'effet de l'ordre de présentation des énoncés,voir aussi Boons (1973),Greenbaum (1973) et Greenbaum & Quirk (1970).

thode qui soit.En effet,deux défauts lui sont inhérents :

- Elle présuppose que le sujet parlant est capable d'exprimer valablement un jugement d'acceptabilité absolue.Mais en réalité cette hypothèse ne se vérifie que dans très peu de cas (cf. Levelt 1974,III ; Levelt e.a. 1975ms ; Bever 1970b:347).Par exemple,des informateurs francophones auraient beaucoup de peine à se décider,si on les forçait à exprimer un jugement positif ou négatif à propos d'énoncés correspondant aux séquences suivantes :

  (9) *Depuis quand vous êtes là ?*

  (10) *Depuis quand est-ce que vous êtes là ?*

  (11) *Vous êtes là depuis quand ?*

  (12) *Depuis quand êtes-vous là ?*

  C'est que tous ces types de questions se rencontrent en français soutenu (voir la section 6.2. de ce livre),mais que les uns sont nettement plus acceptables que les autres (cf. section 6.4.).
- En utilisant cette méthode,on assigne au sujet parlant une tâche qui ne devrait pas être la sienne,à savoir l'interprétation d'un terme technique.Et quoi que fasse l'expérimentateur,les résultats de l'épreuve sont peu sûrs, car s'il ne précise pas ses intentions,chaque informateur est libre d'interpréter le critère de classement à sa façon ; mais s'il intervient,le jugement exprimé risque de manquer de naïveté (voir Botha 1973:254-5 et Labov 1972).

On a cherché à corriger le premier défaut en introduisant à côté des réponses '+' et '-' une troisième possibilité : le point d'interrogation ('?')(Quirk & Svartvik 1966,Davy & Quirk 1969,Greenbaum & Quirk 1970),mais Greenbaum & Quirk (1970:14) avouent eux-mêmes que ce remède n'est pas suffisant.En réalité,l'acceptabilité est un phénomène graduel. Aussi la seule solution véritable consiste-t-elle à remplacer les jugements d'acceptabilité absolue par des jugements d'acceptabilité relative.Cela implique que le linguiste doit renoncer à soumettre à ses informateurs des énoncés isolés.S'il est vrai qu'en linguistique les épreuves d'acceptabilité relative n'ont pas encore cours,en psycholinguistique elles sont monnaie courante.La méthode la plus utilisée est celle qui consiste à demander aux participants du test de classer le matériel soumis le long d'une échelle dont le nombre de valeurs varie de 4 à 20 (cf. Chapman 1967; Danks & Glucksberg 1970,3ième épreuve ; Downey & Hakes 1968; Marks 1968 ; Martin 1968 ; Moore 1972 ; Selkirk 1967 et Stolz 1969).Ou bien on leur demande de classer un certain nombre d'énoncés les uns par rapport aux autres dans un ordre qui correspond au critère donné (Coleman 1965 ; Danks & Glucksberg 1970,1ère et 2ième épreuves).Danks & Glucksberg (1970) ont analysé les résultats des 112 sujets qui ont participé à leurs épreuves et ils en viennent à la conclusion que,mesurés de cette façon,les jugements exprimés par une même personne sont d'une stabilité excellente et que la corrélation entre les jugements de tous les sujets est quasi totale (pp. 121-2 et 126-7).

On peut remédier au deuxième défaut de la méthode 'absolue et directe' en évitant toute terminologie technique,ce qui nécessite une instruction un peu plus longue.Plusieurs efforts louables one été faits à cet égard dans les études que nous venons de mentionner (voir,par exemple,Moore 1972: 557).

Cependant,ces études sont intéressantes pour d'autres raisons encore.C'est que les auteurs,pour mesurer la dimension psychologique du phénomène de l'acceptabilité,ont fait subir à leurs sujets non seulement des épreuves de classement,mais également d'autres types de tests,à savoir :

- des tests de perception : Martin (1968)[2] ;
- des tests de mémorisation,critère d'acceptabilité avancé par Chomsky (1957:16 et 1965:10-1) : Coleman (1965),Downey & Hakes (1968) et Stolz (1969)[3] ;
- des tests de paraphrase : Chapman (1967),Danks (1968), Downey & Hakes (1968) et Selkirk (1967) ;
- des tests de transformation : Quirk & Svartvik (1966), Davy & Quirk (1969) et Greenbaum & Quirk (1970).

Comme le matériel linguistique qui a été utilisé dans ces

---

[2] Voir aussi Miller & Isard (1963)

[3] Voir aussi Davidson (1966),Frankart (1964) et Marks & Miller (1964).

tests était le même que celui dont les auteurs s'étaient servis pour leurs épreuves de classement,il est intéressant de déterminer dans quelle mesure les résultats de ces épreuves-ci correspondent à ceux obtenus au moyen de ces tests-là. Une corrélation positive signifierait,en effet,que le linguiste pourrait mesurer le degré d'acceptabilité relative d'un certain nombre d'énoncés en utilisant des tests qui,par rapport à l'épreuve de classement,présentent l'avantage de détourner l'attention des informateurs du problème linguistique.

En ce qui concerne les tests de mémorisation,cette corrélation est incontestable (voir en particulier Stolz 1969). Un désavantage de ce type de test,toutefois,est qu'on ne peut l'appliquer qu'aux informateurs pour qui la mémorisation constitue une activité tant soit peu naturelle.Tel est le cas des étudiants,mais non pas celui de la population rurale,par exemple.

Pour ce qui est des tests de perception,Martin (1968) en arrive à la conclusion qu'il n'y a pas de corrélation satisfaisante entre les résultats de ce type de test et ceux du test de classement : les énoncés correspondant à des séquences "sémantiquement mal formées,mais syntaxiquement normales",comme

(13) *The musicians explained the worst oak bill*

obtiennent,dans un test de classement,un score supérieur à celui qui est attribué aux énoncés qui correspondent à des séquences "dépourvues de structure syntaxique,mais sémantiquement normales" (!),telles que

(14) *The musicians the gay played waltz lilting*

Mais les énoncés de (14) sont mieux perçus que ceux de (13). Pour le moment nous ne pouvons qu'enregistrer la conclusion de Martin (1968),mais comme ce résultat est contraire à celui qu'avaient obtenu Miller & Isard (1963),il conviendrait de refaire un jour cette expérience,de préférence avec une série d'énoncés dont l'anomalie peut être décrite en termes d'infractions à des règles de grammaire spécifiques.

Etant donné qu'il est difficile,sinon impossible,de dire dans quelles conditions une paraphrase est bonne ou mauvaise, il n'est pas possible de calculer un indice de corrélation reliant les résultats du test de classement avec ceux du test de paraphrase[4].Mais les paraphrases peuvent servir lorsqu'on veut déterminer comment le sujet parlant interprète un énoncé qu'il juge peu acceptable (cf. Chapman 1967).

Les tests de transformation de Quirk & Svartvik(1966), Davy & Quirk (1969) et Greenbaum & Quirk (1970) consistent en ceci que les informateurs sont chargés d'effectuer une des opérations suivantes avec les énoncés qui leur sont soumis : mettre le verbe au présent ou au passé,introduction ou suppression de la négation,mettre un sujet singulier au pluriel ou vice versa,mettre l'énoncé à la forme interrogative. Les auteurs de ce type de tests supposent,par conséquent, que l'acceptabilité d'un énoncé est fonction de la facilité de son analyse.Quirk & Svartvik en étaient arrivés à la conclusion qu'il y a effectivement corrélation entre les résultats ainsi obtenus et ceux de l'épreuve de classement (1966:62).Cette conclusion a été confirmée par Davy & Quirk (1969),mais Greenbaum & Quirk constatent plusieurs divergences importantes (1970:80,100-1).A cause du caractère primitif du test de classement dont se sont servis ces auteurs (voir plus haut),aucune conclusion définitive n'est possible à l'heure actuelle.

Faisons remarquer encore que les marques prosodiques qui, selon Chomsky (1957:16,35-6 ; 1965:10-1),seraient caractéristiques d'un énoncé peu acceptable,à savoir un accent d'intensité frappant tous les mots et un débit saccadé,ne semblent pas constituer un critère très utilisable dans la pratique (voir Hill 1961:2 et Davy & Quirk 1969:118-9).

Le moment est venu de retourner à notre propos,c'est-à-dire à la question qui figure en tête de ce chapitre : qu'est-ce qu'un énoncé acceptable ? La conclusion la plus importante à laquelle nous soyons parvenu est qu'il est

[4] Danks (1968) prouve cependant qu'il est possible de mesurer le nombre de secondes qui se déroulent avant que le sujet ne se mette à paraphraser oralement ou par écrit.Il se pourrait que la longueur de cette pause soit fonction de l'acceptabilité de l'énoncé.Voir aussi Chapman (1967:11) à propos de résultats non publiés de Davidson.

impossible de fournir une réponse adéquate à cette question, parce que le sujet parlant n'est pas capable d'exprimer un jugement d'acceptabilité absolue qui soit sûr et valide. Il n'y a donc pas lieu de faire la distinction entre deux ensembles d'énoncés, l'un contenant les énoncés acceptables, l'autre se composant des énoncés jugés inacceptables. Le linguiste peut, bien entendu, fixer un seuil d'acceptabilité lui-même, mais il doit bien se rendre compte qu'une telle limite n'est pas donnée. En fait, il est bien préférable d'admettre honnêtement que l'acceptabilité est une propriété que tous les énoncés ne possèdent pas au même degré. Par conséquent, l'ensemble défini par cette propriété n'est pas discret; il est flou dans le sens technique que Zadeh (1971) attache à ce mot[5]. La figure 2 montre comment un ensemble flou peut être représenté de manière suggestive :

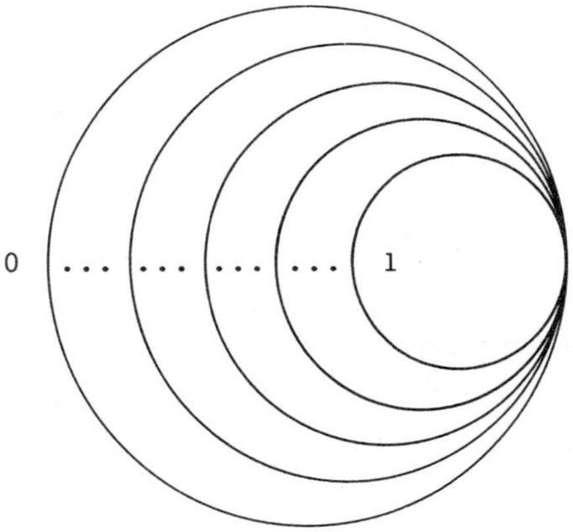

Figure 2 : Représentation graphique d'un ensemble flou

Il est clair que l'étude de tels ensembles doit se faire avec des moyens appropriés. Pour ce qui est du phénomène de l'acceptabilité, ces moyens sont le test de classement et, dans certains cas, le test de mémorisation, qui tous les deux permettent au linguiste de rassembler des jugements d'acceptabilité relative d'une sûreté excellente et d'une vali-

---

[5] Pour une introduction à la théorie des ensembles flous, voir aussi Kaufmann (1975).

dité satisfaisante.S'il n'utilise pas de tels tests,le linguiste perd le contrôle d'une des variables - à savoir la méthode utilisée - qui déterminent les résultats de toute épreuve d'acceptabilité.Il court donc le risque de fonder son travail sur des données d'observation viciées dès le commencement.Somme toute,la question de savoir ce que c'est qu'un énoncé acceptable est mal posée.Il faut plutôt se demander quels sont les facteurs linguistiques qui déterminent le degré d'acceptabilité relative d'un énoncé,et comment on pourrait en rendre compte dans le cadre d'une grammaire générative-transformationnelle.

Chapitre 3

Degrés de grammaticalité

3.1. Introduction

Si le qualificatif 'acceptable' s'applique aux données d'observation que sont les énoncés,le terme 'grammatical',lui, désigne la propriété commune à toutes les entités qu'engendre une grammaire générative,à savoir les phrases.Aussi du point de vue formel,le rapport entre 'grammaticalité et 'acceptabilité' n'est-il pas difficile à saisir.Lyons (1968: 152) le définit correctement comme suit : "La grammaticalité n'est rien d'autre que l'acceptabilité dans la mesure où celle-ci peut être ramenée à l'intérieur du cadre d'un ensemble spécifique de règles et d'une classification spécifique des éléments lexicaux et grammaticaux de la langue". Autrement dit,la tâche du linguiste consiste à restreindre - ou,éventuellement,à augmenter - la capacité générative faible de la grammaire de manière que l'ensemble G corresponde le mieux possible à l'ensemble A.

Comme tous les linguistes sont d'accord pour dire que l'intersection des ensembles A et G n'est pas vide (cf. le chapitre 1),il n'est pas étonnant qu'un grand nombre parmi eux se soit occupé de certains cas d'acceptabilité réduite : Abraham (1971),Abraham & Braunmüller (1971),Botha (1968:142), Butters (1967,1969,1971),Chomsky (1955,1957,1961,1965:75-9, 148-163),Cohen (1965),Drange (1966),Katz (1964),Lakoff (1970a,1971a,c),Lipka (1971),Mel'čuk (1970),Miller & Chomsky (1963),Patton (1968),Schwarze (1971),Seuren (1969:13-25), Todorov (1966),Weinreich (1966:413-6,464-7,470-1) et Ziff (1964a,b),pour ne mentionner que les auteurs dont il sera question plus bas.Dans leurs publications ils traitent de quatre catégories d'anomalies qui peuvent être exemplifiées comme suit :

- anomalies morphologiques et phonologiques,c'est-à-dire des anomalies dont on estime pouvoir rendre compte dans la composante phonologique de la grammaire :
  (1) *Jean admire la sincération*
  (2) *Le chirurgien fexa ses instruments*
- anomalies syntaxiques :
  (3) *Je n'ai personne vu*
  (4) *Le dernier roman de Sagan et que j'ai lu est passionnant*
  (5) *Où est allé il ?*
  (6) *Jean admiration la sincérité*
  (7) *La sincérité fait peur le garçon*
  (8) *Le silence vertébral indispose le vieillard*
  (9) *D'incolores idées vertes dorment furieusement*
  (10) *La théorie de la relativité est bleue*
- anomalies sémantiques :
  (11) *La table ronde est carrée*
  (12) *Les parents de Paul ont tous deux épousé une de mes tantes*
- anomalies référentielles,c'est-à-dire non linguistiques :
  (13) *L'actuel roi de France est chauve*
  (14) *Aubenas est la préfecture de l'Ardèche*

Mais les exemples (1) à (14) montrent ce que cette classification a d'arbitraire.En effet,si Chomsky (1965) et Cohen (1965) veulent rendre compte des anomalies (8) à (10) en termes syntaxiques,Seuren (1969) et Weinreich (1966) préfèrent construire leur syntaxe de telle manière que cette tâche incombe à la composante sémantique,tandis que Drange (1966) et Mel'čuk (1970) estiment qu'il s'agit de cas qui ne relèvent pas de la linguistique.De même,on est en désaccord sur la limite entre sémantique et pragmatique.A cet égard l'opinion de Lakoff (1971a,c) diffère nettement de celle de Chomsky (1972:120-2),tandis que Uhlenbeck (1973: 147-8) n'est d'accord avec aucun de ces deux auteurs.Souvent aussi un énoncé contient plusieurs anomalies,qui ne sont pas toujours de la même espèce,témoin l'exemple suivant,que nous empruntons à Todorov (1966:116) :

(15) *Depuis que le monde est une coupe de champagne, les chenilles et les plumassières obéissent à la loi de Newton qui leur ordonne de laver la vaisselle des officiers avec des feuilles de cactus* (B.Péret, *La brebis galante*, Le terrain vague 1959:18)

Toujours est-il que la plupart des auteurs cités sont d'avis que la grammaire doit engendrer un grand nombre de ces séquences. Dans ces conditions, le problème qui se pose est celui de savoir comment on peut rendre compte en termes grammaticaux du caractère flou de l'ensemble A (cf. le chapitre 2). La solution n'est pas évidente, parce qu'en principe, une séquence engendrée par une grammaire est *ipso facto* grammaticale, tandis qu'une séquence qui n'est pas engendrée par cette grammaire n'est pas grammaticale du tout. C'est pourquoi on a proposé de dériver les séquences qui correspondent à des énoncés dont le degré d'acceptabilité est inférieur à 1, par voie indirecte. Une séquence dérivée indirectement est une séquence qui n'est pas engendrée par la grammaire 'normale' GR, mais par une grammaire dérivée GR', qui se distingue de la première par un ou plusieurs des traits caractéristiques suivants :

- une règle R_i est remplacée par la règle R_i' ;
- une règle R_i de GR n'a pas d'équivalent dans GR' ;
- la grammaire GR' comprend une règle R_i' qui ne fait pas partie de GR[1].

Plusieurs élaborations du principe de la dérivation indirecte ont été proposées dans la littérature, la plus primitive étant celle qui aboutit à la définition de trois classes de séquences :

(a) les séquences grammaticales, engendrées par GR ;

(b) les séquences semi-grammaticales, engendrées par GR' ;

(c) les séquences non grammaticales, que ni GR ni GR' n'engendrent.

---

[1] Sur les rapports possibles entre GR et GR', voir Abraham (1971), Abraham & Braunmüller (1971), Butters (1967, 1969, 1971), Katz (1964), Patton (1968), Ziff (1964a), mais surtout Lakoff (1970a).

Mais il est clair que cette tripartition,qu'on trouve dans les publications de Abraham (1971),Katz (1964) et de Seuren (1969:16-7),ne rend compte que très imparfaitement de la gradation qui est caractéristique de l'ensemble A.Il est donc nécessaire d'augmenter le nombre de grammaires dérivées à partir de GR.Toutefois,une telle extension du principe de la dérivation indirecte n'est possible que si l'on dispose :

(a) d'un axiome d'interprétation qui relie les jugements d'acceptabilité relative exprimés par le sujet parlant à la notion théorique de degré de grammaticalité (voir Levelt 1974,II:6-11,III:21-65) ;

(b) d'une hiérarchie d'écarts par rapport à GR,en termes de règles de grammaire et/ou de catégories grammaticales et lexicales.

En ce qui concerne (a),il paraît sage de se contenter provisoirement d'un axiome modeste,par exemple celui qui suit:

(16) Si α est le degré d'acceptabilité attribué à un énoncé par le sujet parlant et γ le degré de grammaticalité attribué à une séquence par une grammaire générative, et si $(e_i;e_j)$ est une paire d'énoncés quelconque et $(s_i;s_j)$ la paire de séquences correspondantes,alors $\alpha(e_i) > \alpha(e_j) \Longleftrightarrow \gamma(s_i) > \gamma(s_j)$.

Quant à (b),nous commencerons par examiner en détail,dans la section suivante,une proposition de Chomsky ayant pour objet les règles de sous-catégorisation lexicale.Cette proposition est d'autant plus intéressante qu'on l'a vérifiée empiriquement,comme nous le verrons dans la section 3.3. Puis,nous passerons en revue les autres hypothèses qui ont été avancées (section 3.4.).Finalement nous tirerons la conclusion des observations qui auront été faites dans les sections précédentes.

3.2. Hypothèse de Chomsky

Dès 1955 Chomsky s'est occupé de la notion de degré de grammaticalité.Sa proposition,qui a été réimprimée dans Chomsky (1961:234-9) et dans Miller & Chomsky (1963:443 sv.),est fondée sur l'observation correcte (voir section 3.3.) qu'étant donné les séquences (17) à (19) :

(17) *La sincérité admire Jean*

(18) *La sincèrement admire Jean*

(19) *La voisine admire Jean*

les énoncés correspondant à (17) sont jugés plus acceptables que ceux qui correspondent à (18),mais moins acceptables que ceux correspondant à la séquence (19).Chomsky,supposant que les énoncés de (17) sont interprétés en fonction de ce qui reste comme structure grammaticale et par analogie avec des énoncés tout à fait acceptables tels que ceux de (19),propose de rendre compte de ces données au moyen d'une hiérarchie de catégories de formants (voir figure 3).

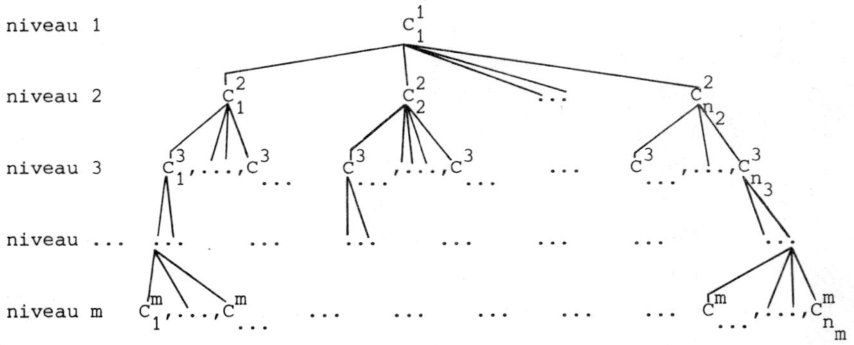

- $1 < n_2 < \ldots < n_m$
- C^{i+1} = sous-catégorisation de C^i
- Les catégories de niveau m sont les plus petites qui apparaissent dans les règles de grammaire

Figure 3 : Hiérarchie de catégories de formants

A chaque niveau les catégories sont exhaustives,ce qui veut dire que toutes les unités d'une séquence (mots,par exemple) entrent dans une ou plusieurs catégories[2].Toute séquence peut ainsi être représentée à chaque niveau par une suite de symboles C_j^i.Afin de concrétiser ce qui précède,supposons avec Chomsky que la hiérarchie se compose de trois niveaux : le premier ne compte qu'une seule catégorie C_1^1 (celle de tous les mots),le second comprend quatre catégories (C_1^2 = les noms;C_2^2 = les verbes;C_3^2 = les adjectifs;C_4^2 = le reste), le troisième niveau correspond aux sous-catégories du nom (noms animés,noms abstraits,etc.),du verbe (transitifs,sujet animé,etc.) et ainsi de suite.Les séquences (17) et (19) reçoivent alors une représentation identique au premier aussi bien qu'au deuxième niveau (respectivement $C_1^1C_1^1C_1^1C_1^1$ et $C_4^2C_1^2C_2^2C_1^2$),mais au troisième niveau elles sont représentées par des suites de symboles correspondant à l'analyse (Article + $\text{Nom}_{\text{abstrait}}$ + $\text{Verbe}_{\text{suj.animé}}$ + $\text{Nom}_{\text{animé}}$) pour la séquence (17) et (Article + $\text{Nom}_{\text{animé}}$ + $\text{Verbe}_{\text{suj.animé}}$ + $\text{Nom}_{\text{animé}}$) pour la séquence (19).On constate qu'il y a un conflit de sélection entre le sujet et le verbe de la séquence (17),qui,par conséquent,ne peut être dérivée qu'indirectement,c'est-à-dire qu'elle ne peut être engendrée qu'en enfreignant une des règles de la grammaire.Comme cependant les représentations de (17) et de (19) sont identiques au deuxième niveau de la hiérarchie,la grammaire attribue le degré 2 à la séquence (17).La séquence (18),au contraire,qui n'a en commun avec (19) que la seule représentation au niveau 1 de la hiérarchie,est marquée comme non grammaticale.De la sorte,dit Chomsky (1961:237),on peut assigner un degré de grammaticalité à n'importe quelle séquence de formants,à condition de compléter la grammaire d'une hiérarchie de catégories.Plus la hiérarchie est raffinée, plus il y a de degrés sur l'échelle de grammaticalité.

Or,une telle hiérarchie n'a même pas besoin d'être construite spécialement,puisqu'en fait elle est inhérente aux règles de réécriture qui sous-classifient les catégories lexicales (1961:237-8).Développant cette idée,Chomsky for-

---

[2] Une unité entre dans plusieurs catégories en cas d'homonymie hétérocatégorielle.

mule en 1965 (pp. 148-153) une hiérarchie de règles de (sous)-catégorisation.Cette tentative est intéressante parce qu'elle nous permet d'en déduire une hypothèse falsifiable concernant l'acceptabilité relative de certains types d'énoncés.Pour bien comprendre cette hiérarchie de règles,il faut savoir qu'en 1965 Chomsky fait la distinction entre deux types de règles de sous-catégorisation[3] :

(a) les règles de sous-catégorisation stricte (SCS),qui subdivisent une catégorie lexicale en termes de *catégories* environnantes,cet environnement étant limité au domaine du noeud qui domine directement la catégorie qui fait l'objet de la sous-catégorisation (1965:99-102) ;

(b) les règles de sélection restrictive (SR),qui subdivisent une catégorie en termes de *traits inhérents* de catégories environnantes,cet environnement n'étant pas limité au domaine du noeud qui domine directement la catégorie en question.

Ainsi,par exemple,la catégorie V peut être sous-catégorisée strictement en [+V,__Sn] (= verbes transitifs) d'une part et [+V,+__#] (= verbes intransitifs) d'autre part.Une sous-classification de V en termes de règles de sélection,au contraire,donne pour le verbe *marcher*,par exemple, [+V,-[-animé]__...].La relation hiérarchique entre les différents types de règles est la suivante : "...les traits introduits par des règles de sous-catégorisation stricte dominent les traits introduits par les règles de sélection, et (...) tous les traits lexicaux sont dominés par les symboles de catégories lexicales.De plus l'infraction aux règles de sélection qui mettent en jeu des traits de niveau élevé est apparemment plus sérieuse que l'infraction aux règles de sélection qui mettent en jeu des traits de niveau inférieur" (Chomsky 1965:153).Il en résulte la prédiction que - étant donné les séquences (6),(7),(20) et (21) - un énoncé de (6) sera jugé moins acceptable qu'un énoncé de (7),que celui-ci sera considéré comme moins acceptable

---

[3] Que ces règles soient incorporées dans la base,dans le lexique ou dans la composante sémantique (cf. Chomsky 1965:154) n'importe pas ici.

qu'un énoncé de (20),et que ce dernier,à son tour,sera jugé moins acceptable qu'un énoncé de (21)[4].Voici ces séquences :

(6) *Jean admiration la sincérité* (violation d'une catégorie lexicale)

(7) *La sincérité fait peur le garçon* (conflit avec un trait de sous-catégorisation stricte)

(20) *Le garçon compte la boisson* (conflit avec un trait de sélection de niveau supérieur,selon Chomsky : [dénombrable])

(21) *Le chien parle avec le garçon* (conflit avec un trait de sélection de niveau inférieur,toujours selon Chomsky : [humain]).

3.3. Vérification de l'hypothèse de Chomsky

En réalité,la prédiction de Chomsky concernant l'acceptabilité relative des énoncés correspondant aux séquences (6), (7),(20) et (21) ne se vérifie que très partiellement.S'il est vrai qu'une infraction à une règle catégorielle a des répercussions toujours plus graves,sur le plan de l'acceptabilité,qu'une infraction à n'importe quelle règle de sous-catégorisation (cf. Downey & Hakes 1968 et Moore 1972), les résultats de Chapman (1967) indiquent qu'un énoncé qui correspond à une séquence où il est question de conflit avec un trait de sous-catégorisation stricte n'est pas nécessairement moins acceptable qu'un énoncé correspondant à une séquence violant un trait de sélection.En effet,Chapman (1967) avait demandé à 180 sujets d'exprimer un jugement d'acceptabilité relative sur une échelle de 7 valeurs à propos de 16 énoncés correspondant à des séquences qui contenaient soit 1,2 ou 3 infractions SR,soit 1,2 ou 3 infractions SCS,ces infractions ayant trait à plusieurs types de relations grammaticales.Or la figure 4 :

---

[4] On retrouve cette prédiction,du moins pour ce qui est de l'ordre (6) < (7) < ((20);(21)) dans Botha (1968:142),Butters (1967:104-5), Patton (1968) et Ziff (1964b).En ce qui concerne la hiérarchie interne des traits de sélection,voir encore Schwarze (1971).

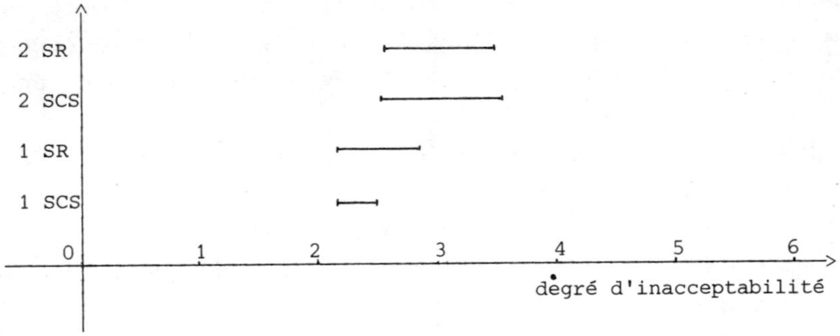

Figure 4 : Degré d'inacceptabilité d'infractions SCS et SR d'après les résultats de Chapman (1967:41-6)

où les traits horizontaux représentent les domaines définis par les différents types d'infractions,illustre clairement que l'explication de certaines différences d'acceptabilité au moyen d'une hypothèse qui établit une relation hiérarchique entre règles SCS et règles SR - que ce soit dans un sens ou dans l'autre - n'est pas adéquate.Cette conclusion est confirmée par les résultats de Selkirk (1967) et par ceux de Moore (1972).Il est vrai que les conclusions de Downey & Hakes (1968) et de Stolz (1969) sont différentes,mais cela semble être dû au fait que,dans ces deux expériences,plus de la moitié des violations SCS constituaient en même temps des infractions SR (voir Chapman 1967:12)[5].Faut-il en conclure que,sur le plan de l'acceptabilité,il n'y a pas de justification pour la distinction entre règles SCS et règles SR ? Nous ne le pensons pas.Il s'agit plutôt de deux dimensions différentes,qu'on pourrait qualifier respectivement de syntaxique et de sémantique.Chomsky (1965:149) note à juste titre que le sujet parlant ne réagit pas de la même façon, selon qu'il s'agit d'une infraction SCS ou d'une infraction SR.Les tests de paraphrase (voir chapitre 2) révèlent que dans le cas d'une violation SR,le sujet,de façon générale, se contente de remplacer le verbe ou l'adjectif,tandis que, dans le cas d'une infraction SCS,très souvent,il apporte des

[5] C'est le cas aussi des exemples que donne Chomsky (1965:152).

modifications dans la structure syntaxique : omission d'un syntagme,adjonction d'une préposition,etc. (cf. Downey & Hakes 1968:161 et Chapman 1967:69-70).Après avoir analysé ses données,Chapman (1967:41-2),qui se réfère aussi aux résultats de Davidson (1966) et de Selkirk (1967),conclut que bien plutôt que le type,c'est le nombre d'infractions aux règles de sous-catégorisation qui détermine un jugement d'acceptabilité.Ajoutons que cette conclusion est partagée par Butters (1967:89,119),Lakoff (1970a:7-10) et Weinreich (1966:416,466-7).D'ailleurs Chomsky s'en est aperçu également (1965:228).Dans ces conditions,il faut,de toute façon, prévoir un mécanisme évaluateur,mentionné par Weinreich (1966:466-7) mais non pas par Chomsky,qui aurait pour tâche 'd'additionner' les effets de toutes les infractions.Nous y reviendrons plus bas.

Pour ce qui est de la hiérarchie interne des traits de sélection,les résultats expérimentaux ne sont pas univoques. Stolz (1969) constate qu'une infraction au trait [humain] est moins grave qu'une infraction à n'importe quel autre trait de sélection.Mais Chapman (1967:46) trouve la hiérarchie suivante : [animé] $\overset{@}{<}$ [humain] $\overset{@}{<}$ [abstrait].Ce manque d'uniformité ne nous étonne pas,puisqu'il y a plusieurs manières d'enfreindre un trait de sélection.Considérons,par exemple,les suites

(22) *traire quelqu'un* et

(23) *élaguer quelqu'un*

Dans les deux cas il y a infraction au trait [humain],mais *traire* peut se combiner avec un objet direct [+animé],alors que *élaguer* se combine seulement avec un objet direct [-animé].Autrement dit,la suite (23) contient en réalité une infraction double.Chapman (1967:31-2) a essayé de trouver chaque fois des unités lexicales s'éloignant le moins possible de la spécification exigée,mais Stolz (1969) ne semble pas s'être soucié de ce problème.Chomsky lui-même note "que les règles de réécriture ne sont pas un procédé approprié pour effectuer la sous-catégorisation des catégories lexicales.La difficulté tient au fait que,de façon typique,cette sous-catégorisation n'est pas strictement hiérarchique et met en jeu des classifications croisées" (1965:79). Or, du moment qu'on admet que les règles de la grammaire n'imposent plus qu'un ordre *partiel* - défini en termes de dominance - parmi les traits qui constituent un symbole complexe dans un indicateur syntagmatique, la proposition de Chomsky concernant la notion de degré de grammaticalité, qui est de nature purement hiérarchique, est nécessairement inadéquate. En réalité, les facteurs qui déterminent l'acceptabilité relative d'un énoncé correspondant à une séquence qui contient une infraction SR, sont d'une part le nombre - plutôt que la nature - des traits enfreints, et d'autre part l'endroit où l'infraction se produit. Il se trouve, en effet, qu'une infraction SR qui concerne le rapport verbe ∿ objet direct est plus grave qu'une infraction qui a trait à la relation entre un nom et un adjectif épithète. Mais l'infraction la plus sérieuse est celle qui concerne le rapport entre le sujet et le verbe (voir Chapman 1967:44-5 et Moore 1972:557, figure 2). Dans le cadre de la proposition de Chomsky, il est impossible de rendre compte de ces différences. Le fait que le degré d'acceptabilité d'un énoncé dépend, ici encore, de l'interaction de plusieurs facteurs, souligne la nécessité d'incorporer dans la grammaire un mécanisme évaluateur qui calculerait le degré de grammaticalité d'une séquence engendrée en fonction du nombre et du type des infractions aux règles de la grammaire 'normale'.

3.4. Autres propositions

Abstraction faite des défauts inhérents à la proposition de Chomsky que nous avons signalés dans la section précédente, il est évident que cette proposition ne porte que sur une partie des cas d'acceptabilité réduite, comme Chomsky le note lui-même à plusieurs reprises (1961:237, note 31 ; 1965:152, 213, 228). En effet, elle ne rend pas compte des anomalies phonologiques et morphologiques :

(1) *Jean admire la sincération*

(2) *Le chirurgien fexa ses instruments*

ni de certains cas syntaxiques, comme :

(3) *Je n'ai personne vu*

(4) *Le dernier roman de Sagan et que j'ai lu est passionnant*

(5) *Où est allé il ?*

ni des incongruités dites sémantiques,telles que

(11) *La table ronde est carrée*

(12) *Les parents de Paul ont tous deux épousé une des mes tantes*

Aussi n'est-il pas étonnant que certains auteurs aient tenté de généraliser l'hypothèse de Chomsky concernant la notion de degré de grammaticalité.C'est ainsi que Botha (1968:142) propose une échelle de degrés de grammaticalité qui concernerait non seulement les règles de sous-catégorisation,mais aussi les règles catégorielles,transformationnelles,phonologiques et sémantiques.Une suggestion analogue est faite par Patton (1968:143) : une infraction serait moins grave si elle intervient en fin de dérivation que si elle se produit au commencement.Dans le cadre d'une théorie interprétative, comme celle de Chomsky (1965),cela revient à poser qu'un énoncé correspondant à une séquence qui comprend une infraction à une transformation d'insertion lexicale est plus acceptable qu'un énoncé correspondant à une séquence où il est question d'infraction à une règle catégorielle,mais moins acceptable qu'un énoncé qui correspond à une séquence contenant une violation d'une règle transformationnelle,et ainsi de suite.Mais tout comme l'hypothèse hiérarchique de Chomsky,qui ne concerne que le seul processus d'insertion lexicale,la hiérarchie définie par l'ordre d'application des différents types de règles au cours d'une dérivation s'écarte de celle définie par les jugements d'acceptabilité relative du sujet parlant.Il existe,en effet,des séquences qui contiennent une infraction à une règle transformationnelle et dont les énoncés sont moins acceptables que ceux qui correspondent à une séquence comprenant une infraction à un trait de sélection.Tel est le cas,par exemple,de la séquence (5) dont les énoncés sont totalement inacceptables (cf. le chapitre 6) d'une part et de la séquence (10) d'autre part :

(5) *Où est allé il ?*

(10) *La théorie de la relativité est bleue*

Pour surmonter cette difficulté,il faut carrément abandonner l'hypothèse d'une notion de degré de grammaticalité définie par une hiérarchie unique de règles et/ou de catégories,et admettre que cette notion est pluridimensionnelle.Dans ces conditions,la tâche du mécanisme évaluateur,sur la forme duquel nous allons revenir dans la section suivante,consisterait à réunir les effets des infractions commises dans chacune des composantes de la grammaire et à calculer à base de ces données un degré de grammaticalité pour toute séquence engendrée.

Pour ce qui est du domaine morphologique,Lipka (1971: 148) établit l'échelle de grammaticalité suivante : une séquence où ne figurent que des unités lexicales attestées est définie comme plus grammaticale qu'une séquence où entrent des unités lexicales non attestées,mais formées selon un schéma très productif,par exemple,en français,des substantifs en *-age*,*-ation*,*-ement*,*-ité* et *-ition* (cf. Dubois 1962).Ces séquences-ci sont définies à leur tour comme étant plus grammaticales que celles où sont insérées des unités lexicales non attestées,mais construites d'après un schéma non usuel,par exemple des substantifs français en *-aison*,*-ise*,*-ison* et *-itude* (cf. Dubois 1962).Les séquences les moins grammaticales dans ce domaine sont celles qui contiennent des suites phonologiquement mal formées,par exemple,en français, /mba/,/krve/,/safkl/[6].Nous n'avons pas vérifié cette hypothèse - et pour autant que nous sachions, personne ne l'a fait - mais à première vue elle ne manque pas de vraisemblance.Il est intéressant de noter que les auteurs de quelques publications récentes concernant la structure d'une theórie générative portant sur la formation d'unités lexicales (Botha 1974,Halle 1973,Schultink 1974) prévoient tous une composante filtrante (voir figure 5)[7] :

---

[6] Sur les restrictions combinatoires en phonologie française,voir, par exemple,Rothe (1972:54-5,72-80).

[7] En fait,il avait déjà été prouvé par Botha (1968:236 sv.) et Weinreich (1966,1967) qu'un tel filtre est indispensable.

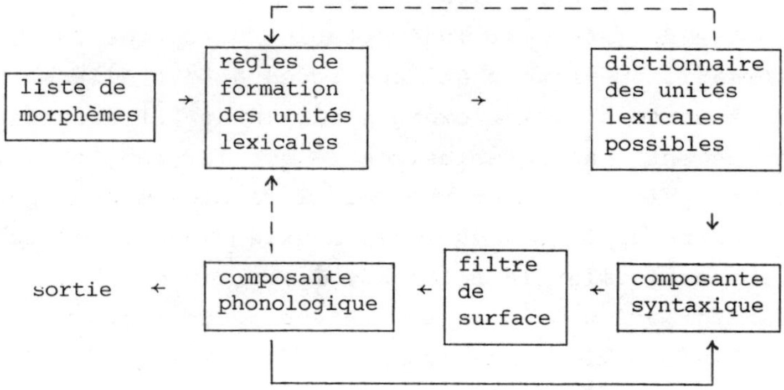

Figure 5 : Structure d'une théorie générative portant sur la formation d'unités lexicales,d'après Botha (1974:16)

Or,il est facile de voir que l'échelle de degrés de grammaticalité définie par Lipka (1971) découle pour ainsi dire automatiquement d'une théorie conçue de cette façon.En effet,les unités lexicales attestées sont celles que le filtre de surface laisse passer de toute façon.Les suites phonologiquement mal formées ne sont pas engendrées.Les unités lexicales d'un degré de grammaticalité intermédiaire sont contenues dans le dictionnaire des unités lexicales possibles et elles pourraient être engendrées en desserrant progressivement le filtre en fonction du degré de productivité des règles de formation utilisées.

Bien qu'à notre connaissance aucune proposition précise n'ait été formulée en vue de l'élaboration d'une échelle de grammaticalité en termes de règles transformationnelles, cela est indispensable,parce qu'il existe des cas d'acceptabilité réduite dont on ne peut pas rendre compte autrement.Certaines observations de Butters (1967:111-8) et de Lakoff (1970a) nous permettent de définir deux types d'infractions :

(a) Une transformation T_i a été appliquée alors que l'unité lexicale concernée constituait une exception à cette règle (voir Lakoff 1970a:19-26).Considérons,par exemple, les séquences suivantes :

(24) *Dix francs sont coûtés par le livre*

(25) *Que Pierre a-t-il fait ?*

Les énoncés de (24) sont inacceptables parce que la transformation passive a été appliquée à tort à la suite sous-jacente à (24).L'exemple (25),dont les énoncés sont également inacceptables,montre que la transformation d'inversion du sujet pronominal faible ne peut pas toujours être appliquée (voir la deuxième partie de ce livre,en particulier la section 7.3.).

(b) Une transformation T_i n'a pas été appliquée alors qu'elle était obligatoire (voir Lakoff 1970a:70-82).Par exemple,les énoncés de la séquence

(26) *Que Pierre a fait ?*

sont inacceptables en français.On peut en rendre compte en supposant que la transformation d'inversion du sujet nominal n'a pas été appliquée malgré le fait qu'elle était obligatoire dans ce cas précis (cf. la section 7.3.)

Mais tous les cas d'acceptabilité réduite ne s'expliquent pas de cette manière.Il faut envisager en tout cas deux autres possibilités :

(c) Afin de pouvoir engendrer certaines séquences,il est nécessaire de supposer que la grammaire dérivée GR' contient une règle T_i' qui s'ajoute aux règles de GR. Ainsi,en français,il existe une transformation d'effacement de *ne* (cf. Casagrande 1968:144) qui explique le fait qu'à côté de

(27) *Je n'aime pas ce travail*

l'on trouve aussi la séquence

(28) *J'aime pas ce travail*

dont les énoncés sont considérés comme moins acceptables que ceux de (27),du moins à un niveau de langue soutenu.

(d) Finalement,il y a les cas qui ne s'expliquent que si l'on suppose qu'une transformation T_i' a été appliquée au lieu de la règle T_i.C'est ainsi que nous présumons qu'en français il existe deux transformations de mise en place des pronoms objets (cf. Langacker 1966:284). Mauger (1968:189-190) signale,en effet,qu'on trouve à côté des énoncés des séquences

(29) *On le lui présente*

(30) *Présente-le-nous*

des énoncés moins acceptables qui correspondent aux séquences

(31) *Je lui le présente*

(32) *Présente-nous-le*

Maintenant que nous avons défini quatre types d'écarts entre la composante transformationnelle de la grammaire 'normale' et celles des grammaires dérivées,il nous reste à faire quelques remarques sur l'échelle de degrés de grammaticalité dans ce domaine.Nous voyons trois possibilités :

- l'échelle pourrait être construite en fonction de l'ordre d'application des règles transformationnelles,mais nous ajoutons que cette hypothèse nous semble dénuée de toute vraisemblance ;
- l'échelle pourrait être formulée en fonction du type d'écart,mais pour le moment nous ne voyons aucune évidence empirique en faveur de cette hypothèse ;
- le degré de grammaticalité d'une séquence pourrait être, ici encore,fonction du nombre d'écarts par rapport à la grammaire 'normale' (cf. Butters 1967:119 et Lakoff 1970a: 9,qui suggère de combiner la deuxième et la troisième possibilité).

Pour autant que nous sachions,aucune de ces hypothèses n'a jamais été mise à l'épreuve.Mais si effectivement le degré de grammaticalité d'une séquence dépend,entre autres,du nombre des écarts transformationnels par rapport à la grammaire 'normale',un mécanisme évaluateur,qui 'additionnerait' ces écarts,s'impose.

Un grand nombre de publications a trait aux anomalies sémantiques[8].Mais si l'on fait abstraction de celles qui concernent les infractions aux règles de sélection restrictive,il faut constater qu'aucune proposition concrète n'a été formulée en vue de l'élaboration d'une échelle de degrés

---

[8] Citons comme particulièrement instructives les contributions de Leech (1974),Verkuyl (1975),Verkuyl e.a. (1973) et Weinreich (1966).

de grammaticalité en termes sémantiques,à l'exception de celle de Weinreich (1966),dont il sera question dans la section suivante.Notons cependant que Jackendoff (1972:17-21) prévoit,en fin de dérivation,un certain nombre de 'conditions de grammaticalité' qui font fonction de filtre et qui ne laissent passer que les séquences dont la 'consistance conceptuelle' est garantie.Il ne faut pas exclure la possibilité qu'en adaptant ces filtres on parvienne à définir un système de degrés de grammaticalité.Nous laissons toutefois cette question en suspens et,dans la suite de ce livre,nous ne nous occuperons plus que des aspects syntaxiques de la notion de grammaticalité.

3.5. Forme du mécanisme évaluateur

Dans les sections précédentes nous avons employé régulièrement le terme 'mécanisme évaluateur'.Peu à peu il est devenu clair qu'un tel mécanisme remplit une fonction clé dans tout système développé dans le but d'attribuer un degré de grammaticalité à une séquence.Le premier à l'avoir proposé est Weinreich (1966),qui en dit ce qui suit : "Le rôle de l'évaluateur sémantique est essentiellement de fournir une mesure quantitative de la déviance par rapport à la normale.Une des façons d'accomplir cette tâche consisterait à calculer un indice binomial p/q,où p représenterait le nombre de symboles DEV engendrés (...) et q la somme des indices numériques de tous les DEV.Une phrase évaluée 0/0 serait alors tout à fait normale.Des mesures plus raffinées pourraient être développées à volonté (...).A ce premier stade du développement de la théorie,il n'est pas possible de dire quelle formule rend le mieux compte de nos intuitions de déviance" (1966:466).

Au lieu du modèle additif de Weinreich,nous aimerions proposer un modèle multiplicatif.Dans cette perspective,les règles de la grammaire accorderaient à chaque écart de la normale une valeur qui se situe entre 0 et 1,le mécanisme évaluateur se réduisant alors à une simple opération de multiplication.Si une séquence est engendrée sans écart aucun,son degré de grammaticalité est égal à 1.Plus il y a d'écarts,plus le produit des indices accordés se rapproche de 0.Les valeurs précises pour chaque écart devraient être déterminées à base d'épreuves d'acceptabilité comme celles qui ont été décrites dans le chapitre 2,ou,dans certaines conditions (voir,par exemple,la section 6.3.),à base des données d'un corpus.

Il est clair que cette proposition ne peut être réalisée que si l'on associe à toutes les règles de la grammaire un indice *p* qui représente leur probabilité d'application et qui varie en fonction de circonstances qu'il convient de préciser (voir,par exemple,la section 7.2.2. et la section 7.3.).En d'autres termes,nous estimons que pour rendre compte convenablement du caractère flou de l'ensemble A,il est indispensable de remplacer les grammaires déterministes par des grammaires probabilistes[9].

Signalons,à ce propos,que Chomsky a affirmé à plusieurs reprises qu'il ne faut pas confondre les notions d'acceptable et de grammatical avec celle d'ordre élevé d'approximation statistique.Ainsi il écrit en 1965 : "... bien que la 'probabilité d'un type de phrase (ou d'une phrase)' soit claire et bien définie,c'est une notion parfaitement inutile,puisque presque toutes les phrases hautement acceptables (au sens intuitif) auront des probabilités que l'on ne pourra distinguer empiriquement de zéro,et appartiendront à des types de phrases dont les probabilités ne pourront être empiriquement distinguées de zéro.Ainsi les phrases (ou types de phrases) acceptables ou grammaticales ne sont pas plus probables,au sens objectif,que les autres" (p. 195)[10]. Mais Levelt (1974:176-7) rappelle à juste titre que Suppes (1970) a réfuté cet argument.C'est justement lorsque la probabilité d'un événement est proche de zéro que la statistique peut apporter une contribution,en examinant la relation mutuelle des paramètres qui interviennent dans le

---

[9] Pour une introduction aux grammaires probabilistes,voir Levelt (1974,I:35-52 et 115-130 ; II:158-177).

[10] Voir aussi Chomsky (1957:17,note 4 et 1961:231).

processus qui est à l'origine de cet événement, c'est-à-dire, dans le cas qui nous occupe, les règles de la grammaire.

Dans la deuxième partie de ce livre, nous appliquerons notre proposition concernant le mécanisme d'attribution de degrés de grammaticalité à un sujet syntaxique. C'est pourquoi nous nous contentons ici de faire une remarque qui a trait à la composante morphologique, dont il a été question plus haut (section 3.4.). La notion de productivité même est d'ordre probabiliste. Aussi n'est-il pas difficile de voir qu'en associant une probabilité d'application *p* à chaque règle responsable de la formation des unités lexicales, l'on oppose non seulement les unités non attestées qui sont formées selon un schéma très productif à celles qui sont construites selon un schéma peu productif, mais l'on prédit aussi que toutes les unités attestées ne sont pas jugées aussi acceptables les unes que les autres. Des tests d'acceptabilité relative sont nécessaires pour déterminer si c'est effectivement la probabilité d'application des règles de formation qui rend compte de la variation des jugements exprimés[11].

---

[11] C'est seulement après avoir terminé ce livre que nous avons pris connaissance d'une contribution récente de Jackendoff, où il propose, lui aussi, de rendre compte des différences de productivité entre les règles de la composante morphologique, en associant à chaque règle un indice qui varie entre 0 et 1 (1975:666-7).

Chapitre 4

Les ensembles A et G ne se recouvriraient pas

4.1. Arguments volitifs

Si,comme nous l'avons affirmé au début du chapitre 3,l'ensemble des séquences engendrées par la grammaire (ensemble G) doit correspondre le mieux possible à l'ensemble A tel que nous l'avons défini dans le chapitre 2,il est indispensable d'évaluer les arguments de ceux qui déclarent que ces deux ensembles ne se recouvrent pas totalement.Deux types d'arguments ont été avancés à l'appui de cette thèse,que nous appellerons respectivement les arguments volitifs et les arguments d'impuissance.

L'argument volitif type a été formulé,entre autres,par Levelt,qui dit : "...il y a des phrases qu'un informateur jugerait sans doute comme étant mal formées (...) pour des raisons que nous n'aimerions pas formaliser dans une théorie *linguistique*.C'est le cas notamment des phrases très longues.Elles sont inacceptables parce que notre capacité d'enregistrement est limitée et par là nous empêche de les comprendre.Il ne semble pas souhaitable d'incorporer dans la grammaire une limite maximale de la longueur d'une phrase : il paraît plus sage de traiter cette limitation de longueur dans une théorie psychologique comme propriété systématique de la mémoire humaine que de la traiter comme propriété systématique d'une langue naturelle dans une théorie linguistique"(1974,II:7).Et Langendoen e.a.(1973:459,note 13) estiment qu'il s'agit clairement d'un lapsus lorsque Jackendoff & Culicover (1971:406-7) déclarent vouloir rendre compte dans le cadre de la théorie linguistique des restrictions concernant la transformation d'extraposition,qui s'expliqueraient par le fait que certains énoncés sont difficiles à interpréter.Selon Langendoen e.a. (1973) de telles limitations ne relèveraient pas de la linguistique.Dans le même ordre d'idées,Ruwet (1972:283) propose,à la suite de Bever (1970a,b),de traiter en termes de stratégies perceptuelles un certain nombre de faits qu'on avait essayé de décrire jusque-là en termes de transformations ou de contraintes dérivationnelles plus puissantes.

Deux raisons nous poussent à rejeter cette (re)distribution des tâches entre linguistes et psychologues.La première est qu'elle nous obligerait à supposer avec Chomsky (1965:3) et Botha (1973:194-204) que le sujet parlant dispose de deux espèces d'intuitions : les intuitions de grammaticalité,qui concerneraient le linguiste,d'une part et les intuitions d'acceptabilité,dont le psychologue ou psycholinguiste pourrait tirer profit,d'autre part.Cela revient à poser,par exemple,qu'un informateur français est capable d'opposer l'agrammaticalité relative des énoncés correspondant aux séquences (1) et (2) à l"inacceptabilité relative des énoncés correspondant aux séquences (3) et (4)[1] :

(1) *Un collègue dont Pierre sait que Jean en dit que le directeur veut se séparer*

(2) *Un professeur que le directeur a le pressentiment que l'inspecteur sait que les élèves chahutent*

(3) *Un collègue dont Pierre sait que Jean dit que le directeur veut s'en séparer*

(4) *Un professeur que le directeur croit que l'inspecteur sait que les élèves chahutent*

Mais en réalité rien ne justifie cette distinction sur le plan intuitif (voir Fillenbaum 1971:281 ; Leech 1968:97 et Schlesinger 1971:171,note 2).Elle cadre d'ailleurs très mal avec les idées de Chomsky lui-même.C'est qu'il est tout de même curieux d'admettre que lors de la production ou de la perception d'un énoncé la compétence interfère avec d'autres

---

[1] Les exemples (1) et (3) ont été empruntés littéralement à Huot (1974:39-40),les deux autres contiennent un verbe parenthétique de plus que les exemples correspondants de Huot.

facteurs (cf. Chomsky 1965:4,193-4) et de croire en même temps que ces facteurs ne joueraient pas lors de la production d'un jugement intuitif concernant cet énoncé.

La deuxième raison qui fait que nous ne pouvons souscrire à la distribution susmentionnée des tâches,est qu'une telle distribution présuppose que la théorie de la performance et celle de la compétence se complètent l'une l'autre, que l'une constitue le prolongement de l'autre.Or tel n'est pas le cas non plus.En effet,comme des Tombe (1972) le souligne à juste titre,la distinction entre compétence et performance ne définit pas deux domaines complémentaires,mais deux orientations de recherche très différentes qui ont pour base le même matériel linguistique.Les deux types de théories concernent le comportement verbal de l'homme,mais si la psychologie s'intéresse aux modèles de simulation,la linguistique,elle,s'attache à développer des modèles déterministes ou probabilistes,qui tous spécifient le comportement verbal en termes de lois,mais ne le simulent pas.Dans ces conditions,il n'est pas étonnant,pour revenir aux suggestions de Bever et de Ruwet mentionnées plus haut,que linguistes et psychologues,ayant à leur disposition une certaine quantité de données,en arrivent à développer les uns des contraintes dérivationnelles (transformationnelles ou pas) et les autres des stratégies perceptuelles.Les deux approches se supposent bien plus qu'elles ne s'opposent.Il faut en conclure que le linguiste est bien obligé de chercher à attribuer un degré de grammaticalité inférieur à 1 à *toutes* les séquences dont les énoncés recueillent un jugement d'acceptabilité inférieur à 1[2].

Toutefois,les énoncés jugés peu acceptables à cause de la complexité des séquences correspondantes ne sont pas les seuls à être sujets à discussion.Il existe,en effet,des énoncés qui ne sont pas jugés acceptables en toute circonstance.Les séquences correspondantes risquent de ne pas

---

[2] Cette position n'implique pas,bien entendu,que le linguiste doive expliquer l'inacceptabilité relative des énoncés de (1) et de (2) de la même manière que celle des énoncés de (3) et de (4).

être engendrées si l'on affirme avec Chomsky que "l'objet premier de la théorie linguistique est un locuteur-auditeur idéal,appartenant à une communauté linguistique homogène, qui connaît parfaitement sa langue et qui (...) n'est pas affecté par des conditions grammaticalement non pertinentes, telles que (...) distractions,déplacements d'intérêt ou d'attention,erreurs (fortuites ou caractéristiques)" (1965: 3).Ces conditions non pertinentes relèveraient également de l'étude de la performance (voir aussi Ruwet 1968:37).Le sens de la remarque de Chomky est clair :il faut pouvoir faire abstraction de certaines données,considérées comme des accidents.Mais ce que Chomsky ne dit pas,c'est qu'il est indispensable de déterminer les conditions nécessaires et suffisantes permettant de traiter un énoncé e_i comme une réalisation de la séquence s_i[3].Le problème est réel,puisque l'inacceptabilité relative d'un énoncé peut résulter soit d'une réalisation imparfaite d'une séquence dont d'autres réalisations,émises dans les mêmes circonstances,seraient considérées comme parfaitement acceptables,soit d'une réalisation parfaite d'une séquence dont tous les énoncés,émis dans les mêmes conditions,seraient pourvus d'un degré d'acceptabilité inférieur à 1 (cp. Bar-Hillel 1967:238-9).Considérons,par exemple,les énoncés suivants :

(5') /sèti twa kia fè sa ?/ (Behnstedt 1973:27)

(6') /ilja de livr ki rəlèvr,rəlèv èsãsjèlmã dün,dün,dəla kõsõmasjõ / (paroles prononcées par un libraire lors d'une table ronde,organisée sur France-Inter,le 3 mars 1971)

L'énoncé (6') est un exemple typique d'une réalisation imparfaite de la séquence

(6) *Il y a des livres qui relèvent essentiellement de la consommation*

La preuve en est que l'énoncé en question recueille un ju-

---

[3] Levelt (1974,II:6-11 et III:21-65) généralise cette remarque en soulignant qu'il est nécessaire de développer en linguistique une théorie d'interprétation,c'est-à-dire une hypothèse explicite sur la relation entre les données d'observation et la théorie qui essaye d'en rendre compte.

gement d'acceptabilité inférieur à 1,indépendamment de la composition du groupe d'informateurs consultés[4].Il en est tout autrement de l'énoncé (5').Ici,il ne s'agit pas d'une réalisation imparfaite de la séquence

(7) *C'est toi qui a fait ça ?*

mais d'une réalisation parfaite de la séquence

(5) *C'est-i toi qui a fait ça ?*

On peut le prouver en soumettant l'énoncé (5') au jugement de plusieurs groupes d'informateurs.Des étudiants parisiens accorderont à cet énoncé un degré d'acceptabilité inférieur à 1,mais les informateurs âgés du département de la Haute-Marne,qui ont été interrogés à ce sujet par Behnstedt (1973: 21-32),trouvent l'énoncé en question parfaitement acceptable.Or,c'est ce type de données - différences de style,de niveau de langue - qui a souffert sous l'empire d'une idéalisation trop rigoureuse des données d'observation (voir Greenbaum 1973,Kanngiesser 1971:24-31 et Labov 1966,1969, 1972).Il est vrai que l'intégration de faits sociolinguistiques dans la description linguistique d'un phénomène pose un certain nombre de problèmes,sur lesquels nous allons revenir dans la deuxième partie de ce livre,mais il ne s'ensuit pas qu'on puisse en faire abstraction.

Nous estimons pouvoir conclure cette section en posant que les arguments volitifs de ceux qui déclarent que les ensembles A et G ne se recouvrent pas,ne sont pas recevables.

4.2. Arguments d'impuissance

Nous venons de voir que certains auteurs voudraient ne pas rendre compte,dans le cadre d'une théorie linguistique,du degré d'acceptabilité réduite de deux catégories d'énoncés,

---

[4] Cela ne signifie pas que le linguiste doive se désintéresser des répétitions,lapsus et hésitations qui marquent ce type d'énoncés.Sur le phénomène des hésitations dans le discours spontané,voir Goldman-Eisler (1968).En ce qui concerne les lapsus,voir Bierwisch (1970),Fromkin (1971),Nooteboom (1969),ainsi que les références citées par ces auteurs.

à savoir ceux qui correspondent à des séquences complexes d'une part et ceux qui ne sont pas d'une acceptabilité égale en toute circonstance.Mais en admettant qu'on veuille en rendre compte,le pourrait-on ? Chomsky (1965:11) estime,en effet,"qu'il serait impossible de caractériser les phrases inacceptables en termes grammaticaux" (cf. le chapitre 1).

En ce qui concerne la catégorie des énoncés dont le degré d'acceptabilité varie en fonction des circonstances (en particulier le niveau de langue),nous démontrerons dans la deuxième partie de ce livre (section 7.2.) qu'il est parfaitement faisable d'expliquer la variation des jugements exprimés en termes de règles de grammaire.

Quant aux énoncés qui correspondent à des séquences complexes,nous y reviendrons après avoir consacré quelques lignes à la catégorie des séquences anglaises qui contiennent plusieurs adjectifs prénominaux à l'intérieur d'un seul syntagme nominal,par exemple

(8) *The large red plastic box* ...
(9) *The plastic red large box* ...
(10) *Those big red Swiss tables* ...
(11) *Those Swiss red big tables* ...

Il se trouve que le degré d'acceptabilité relative des énoncés correspondants est fonction de l'ordre mutuel de ces adjectifs (cf. Bever 1970a:321-9),les énoncés de (8) et (10) étant plus acceptables que ceux de (9) et (11).Or,Chomsky a fait remarquer que ces différences d'acceptabilité "ne sont pas exprimables de façon naturelle dans une grammaire transformationnelle" (1973:275,note 59).Mais on se demande pourquoi la description suivante ne serait pas naturelle : J.E. Martin (1968,1969) a montré que dans les séquences qui correspondent aux énoncés les plus acceptables,l'adjectif qui décrit la propriété la plus intrinsèque du nom se trouve immédiatement à côté de celui-ci,alors que les énoncés dont les séquences s'écartent le plus de cette 'norme' sont jugés les moins acceptables (cf. aussi Danks & Glucksberg 1971). Dans ces conditions,on pourrait obtenir le résultat souhaité

(a) en spécifiant dans le lexique pour chaque adjectif dans quelle mesure la propriété qu'il nomme est intrinsèque ;

(b) en supposant qu'il existe une règle d'interprétation dont le but est de faire respecter les rapports hiérarchiques exprimés dans le lexique.

Cette proposition nous semble tout à fait 'naturelle',étant donné qu'il existe quantité de relations analogues entre les unités lexicales,qui pourraient être exprimées de cette façon (voir,par exemple,Bierwisch 1965 et Leech 1974:95-125).

Pour ce qui est des séquences complexes,il faut faire la distinction entre cinq types de constructions :

(a) constructions récursives à gauche ;
(b) constructions récursives à droite ;
(c) constructions à branchements multiples ;
(d) constructions emboîtées ;
(e) constructions auto-enchâssantes.

Ces types peuvent être exemplifiés comme suit :

(12) *The girl's coat's pocket has buttons*[5] (type a)

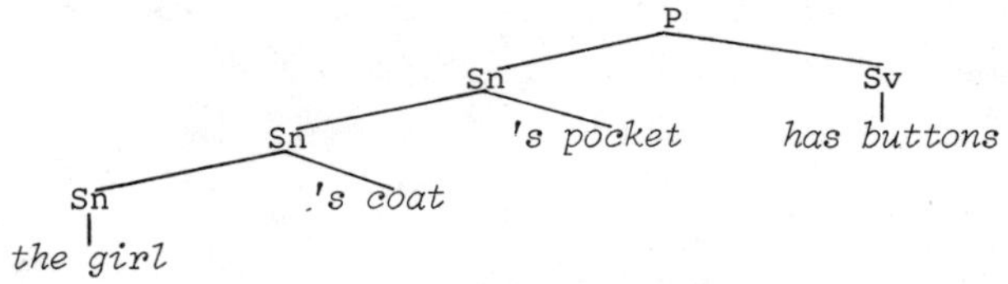

Nous n'avons pas pu trouver d'exemple satisfaisant de récursivité à gauche en français.Ruwet (1968:132) affirme que la séquence

(13) *Une vieille petite malle longue et basse*

combine la récursivité à gauche et la récursivité à droite, mais en réalité il n'y est guère question de récursivité à gauche,comme le montre l'indicateur syntagmatique suivant :

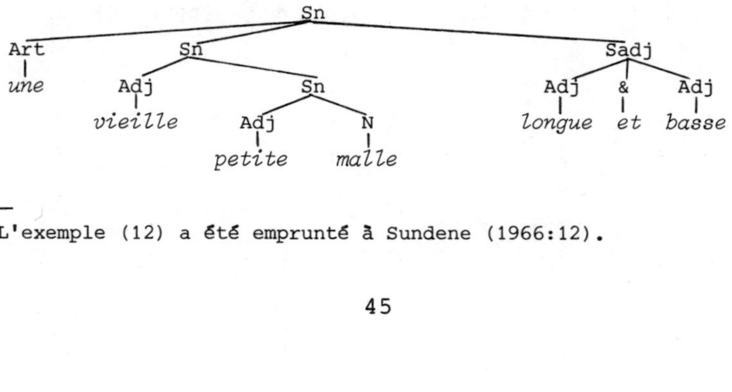

[5] L'exemple (12) a été emprunté à Sundene (1966:12).

(14) *J'ai rencontré Paul à la soirée que donnait Mme X dont tu connais le fils* (type b)

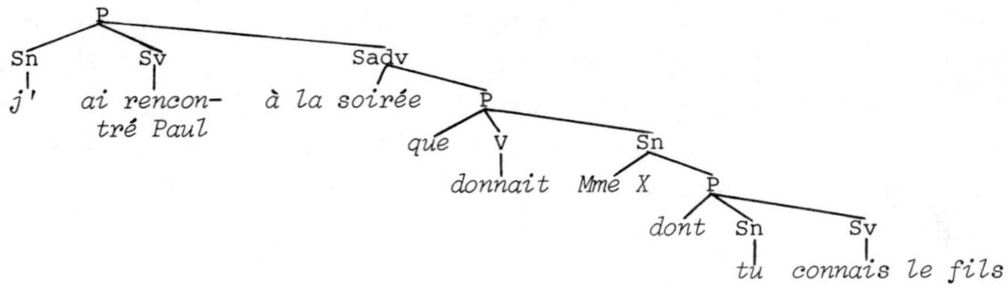

(15) *Pierre, Jean, Jacques et François* (type c)

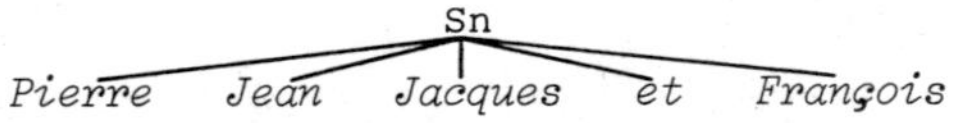

(16) *Ce qui laisserait croire que c'était pour qu'une coquette dont il s'était épris ne se décolorât pas que Josué arrêta le soleil* (type b + d)

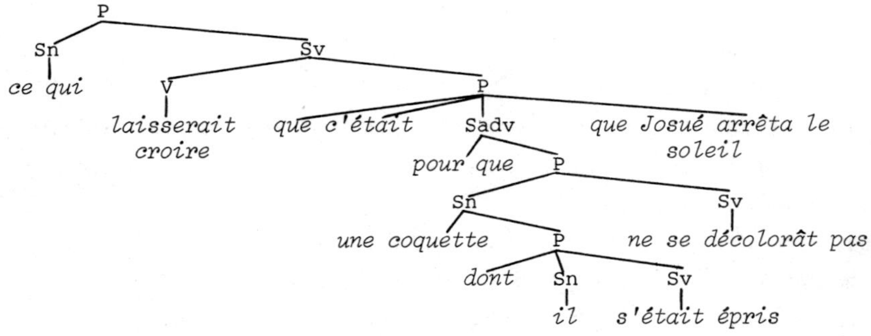

(17) *Les meilleurs livres sont ceux que ceux qui les lisent croient qu'ils auraient su faire* (type b + d)

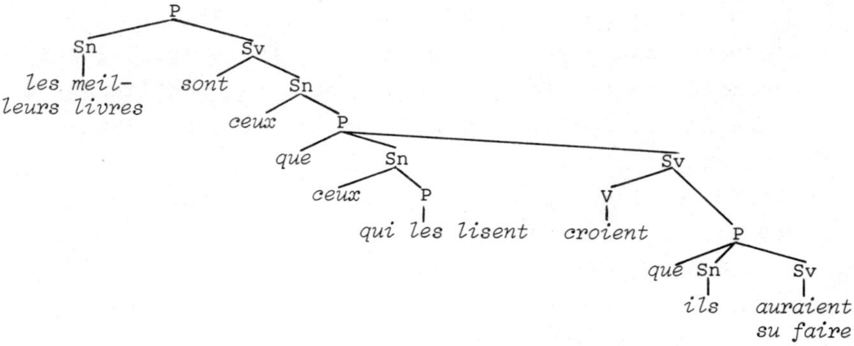

(18) *Pour que, si, comme il est à craindre, il arrive en retard, vous ne soyez pas étonné* (type e)[6]

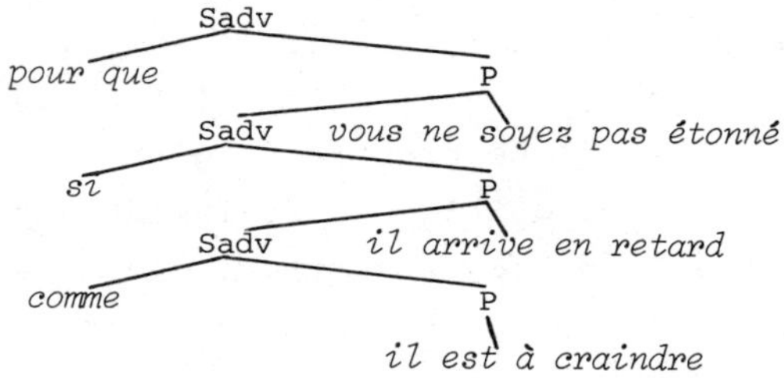

Les auteurs qui se sont occupés des problèmes d'acceptabilité que posent ces différents types de structures en sont arrivés aux conclusions suivantes :

- Les constructions à branchements multiples n'offrent aucun problème d'acceptabilité (Chomsky 1965:13 ; Allaire 1973: 210).
- L'acceptabilité des énoncés qui correspondent aux séquences récursives à droite décroît progressivement, mais ces énoncés sont beaucoup plus acceptables que ceux des séquences récursives à gauche correspondantes[7] (Kimball 1973;

---

[6] Les exemples (16), (17) et (18) ont été empruntés à Marouzeau (1965: 162-3).

[7] A la séquence récursive à gauche (12) correspond la séquence récursive à droite (12a) (voir Sundene 1966:12) :
(12) *The girl's coat's pocket has buttons*
(12a) *The pocket of the coat of the girl has buttons*

Marks 1968 ; Sundene 1966 ; des Tombe 1975).

- L'emboîtement répété contribue plus fortement à l'inacceptabilité que la récursivité à droite ; l'emboîtement d'une suite longue renforce cette tendance (Chomsky 1965:13 ; Schlesinger 1971).
- L'auto-enchâssement de plus d'un degré contribue plus radicalement encore à l'inacceptabilité (Bever 1970a,b ; Blumenthal 1966 ; Chomsky 1965:13 ; Marks 1968 ; Miller & Isard 1964 ; Peterfalvi & Locatelli 1971 ; Schlesinger 1971 ; des Tombe 1975).

Il ne fait pas de doute qu'il est impossible de rendre compte de ces différences d'acceptabilité dans le cadre du modèle de Chomsky (1965).Il convient donc d'adapter ce modèle.C'est assez curieusement Chomsky lui-même qui a indiqué la bonne voie en faisant remarquer : "qu'il est clair que nous ne pouvons caractériser les phrases inacceptables que sur la base d'une propriété 'globale' des dérivations et des structures qu'elles définissent - propriété attribuable non pas à une règle particulière,mais plutôt à la façon dont les règles entrent en relation à l'intérieur d'une dérivation donnée" (1965:12).Or l'on sait que depuis 1965, pour des raisons qui ne touchent pas seulement la capacité générative faible de la grammaire,de nombreux linguistes ont insisté sur la nécessité d'autoriser de tels mécanismes (voir Casagrande 1970 ; Lakoff 1969,1970b,1971b ; Postal 1972,1973 ; Ross 1972 ,mais aussi Jackendoff 1972 et Perlmutter 1971).

Il faudrait examiner soigneusement les propriétés de ces mécanismes globaux pour savoir si effectivement ils permettent d'attribuer un degré de grammaticalité adéquat aux différents types de séquences mentionnés,mais nous tirons argument de leur existence pour poser qu'en ce qui concerne la catégorie des séquences complexes,l'argument d'impuissance invoqué par ceux qui estiment que les ensembles A et G ne se recouvrent pas,manque de force.

Chapitre 5

Conclusions de la première partie

(1) Les avis sont partagés sur la question de savoir quelle est la relation entre les ensembles A et G.

(2) Quatre paramètres déterminent les résultats d'une épreuve d'acceptabilité :

- (a) le matériel linguistique qui fait l'objet de l'épreuve ;
- (b) les sujets à qui l'on demande d'exprimer un jugement d'acceptabilité ;
- (c) les conditions dans lesquelles l'épreuve a lieu ;
- (d) la méthode utilisée pour obtenir le jugement d'acceptabilité.

(3) Les variables (b) et (c) sont rarement contrôlées dans la pratique linguistique.Il en résulte des jugements qui ne sont pas dignes de foi.

(4) Les séquences correspondant aux énoncés acceptables ne constituent pas un ensemble dans le sens classique de ce terme,mais un ensemble flou,dont l'étude doit se faire avec des moyens appropriés.

(5) Afin d'obtenir des jugements d'acceptabilité relative d'une sûreté et d'une validité satisfaisantes,il faut remplacer la méthode d'interrogation 'absolue et directe' par des tests de classement ou,dans certains cas, par des tests de mémorisation.Les mérites de quelques autres types de tests demandent à être étudiés de plus près.

(6) L'hypothèse de Chomsky concernant la notion de degré de grammaticalité est inadéquate,parce que les prédictions concrètes qu'on peut en déduire ne se vérifient que très partiellement.

(7) Il faut rejeter toute proposition fondée sur l'hypothèse qu'il est possible de définir une échelle de degrés de grammaticalité en termes d'une hiérarchie de règles ou de catégories *unique*.

(8) Si donc la notion de grammaticalité est pluridimensionnelle, il est indispensable de prévoir un mécanisme évaluateur dont la tâche consiste à réunir les effets des infractions commises dans les différentes composantes de la grammaire.

(9) Nous avons proposé de calculer le degré de grammaticalité d'une séquence en fonction du produit des probabilités d'application associées aux règles de la grammaire qui ont joué un rôle dans la dérivation de cette séquence.

(10) Seule une grammaire probabiliste peut rendre compte convenablement du caractère flou de l'ensemble A.

(11) C'est à tort que certains auteurs font la distinction entre deux types de jugements intuitifs, dont le premier relèverait de la linguistique et le second de la psychologie ou de la psycholinguistique.

(12) La distinction entre compétence et performance ne définit pas deux domaines complémentaires, mais deux orientations de recherche ayant pour base les mêmes données d'observation. Aussi le linguiste est-il bien obligé de chercher à attribuer un degré de grammaticalité variant entre 0 et 1 à *toutes* les séquences dont les énoncés recueillent un jugement d'acceptabilité qui varie entre 0 et 1.

(13) L'inacceptabilité relative des énoncés qui correspondent à des séquences complexes peut être expliquée en termes d'une propriété globale des dérivations aboutissant à ces séquences.

(14) L'argument d'impuissance invoqué par ceux qui estiment que les ensembles A et G ne se recouvrent pas totalement, manque de force.

Deuxième partie

Application à la syntaxe de l'interrogation directe en français parlé

Chapitre 6

Taxonomie de l'interrogation directe

6.1. Niveaux de langue

Comme il règne une certaine confusion sur la valeur à attribuer au terme de français parlé,nous commençons par préciser que nous entendons par là non pas le français courant par contraste avec le français soigné (voir,par exemple Imbs 1960:7 et Pinchon 1967:49),mais l'ensemble des expressions linguistiques phoniques par opposition aux expressions linguistiques écrites (cf. Dubois 1965:5 et Martinet 1967:145-171).Bien entendu,ce français parlé n'est pas homogène.Il est fonction en premier lieu du niveau socio-économique des locuteurs,niveau qui se détermine à base de plusieurs facteurs dont les plus importants sont l'occupation,l'éducation et le revenu des témoins en question.Selon le rang moyen obtenu,un individu se range dans une des cinq classes socio-économiques qu'on distingue généralement : deux couches inférieures,deux couches moyennes et une couche supérieure (cf. Labov 1966,1970 ; Brandis & Henderson 1970 ; Lawton 1970 et,pour le français,l'étude récente de Robach 1974:41-53).Comme cependant les données de Behnstedt (1973),sur lesquelles nous fonderons nos observations concernant l'interrogation directe en français parlé[1],ne sont pas très détail-

[1] Le livre de Behnstedt (1973) nous semble préférable à toutes les autres études taxonomiques disponibles.En effet,Terry (1967) fonde ses conclusions sur la langue parlée telle qu'elle figure dans un certain nombre de pièces de théâtre,tandis qu'il n'est pas sûr du tout que ces données correspondent à la réalité (cf. Behnstedt 1973:105-6,255).Le nombre de témoins de Pohl (1965) est trop réduit pour pouvoir tirer des conclusions valables de cette contribution (cf. Behnstedt 1973:218,236-9).L'avantage de l'étude de Behnstedt par rapport à celle de Gougenheim

lées à cet égard,nous nous contenterons d'une division en deux classes socio-économiques.Cette simplification nous semble justifiable,parce que la description détaillée de l'interrogation directe en français parlé ne constitue pas le but principal de ce livre.Nous cherchons plutôt à appliquer certains principes dont il a été question dans les chapitres précédents.Par conséquent,nous ferons seulement la distinction entre la classe I,qui comprend les deux couches inférieures et la première couche moyenne,et la classe II,qui se compose de la couche supérieure et de la seconde couche moyenne (cf. Behnstedt 1973:48-9 et 112-4). En utilisant des termes de Bernstein (1964),nous opposerons donc le code restreint,qui est utilisé par la classe I,au code élaboré de la classe II.Toutefois,cette terminologie ne doit pas induire en erreur.L'opposition du code restreint au code élaboré n'implique pas,en effet,que les membres de la classe I utiliseraient une gamme de structures interrogatives moins étendue que les membres de la classe II.Elle indique seulement que les usagers du code élaboré ont à leur disposition plusieurs registres dont l'emploi dépend de la situation dans laquelle ces usagers se trouvent.Ici encore nous simplifierons quelque peu en ne tenant compte que de deux registres : le registre familier,dont on se sert dans la conversation courante,et le registre soutenu,utilisé,par exemple,devant les micros de la radiodiffusion.C'est le français familier qu'on considère quelquefois comme la norme de la langue parlée (cf. Zwanenburg 1968:85), tandis que le français soutenu ressemble le plus au français tel qu'on l'écrit,du moins pour ce qui est de la syntaxe.En somme,nous ferons la distinction entre trois types de français parlé : le français populaire qui constitue le parler de la classe I,le français familier qui est le registre inférieur de la classe II et le français soutenu qui constitue le registre supérieur de cette même classe (voir

---

e.a. (1964),finalement,est que la première,tout en tenant compte de la seconde (cf. 1973:59,93,167-9,234),est plus complète.

le schéma suivant)[2]:

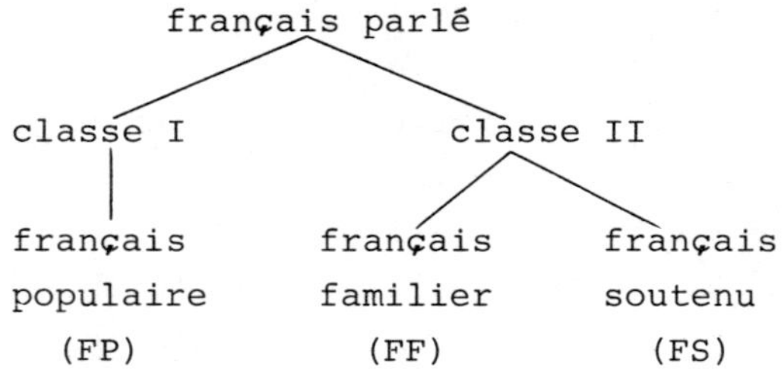

Ajoutons que, sauf indication contraire, nous nous limiterons à la description de la langue parlée des groupes sociaux urbains. Nous ferons donc abstraction des usages régionaux (patois ou dialectes) de même que d'éventuelles variantes strictement individuelles.

6.2. Aperçu des formes utilisées

L'on sait qu'au niveau de la structure de surface, il n'y a pas de marque unique en français qui permette de distinguer les phrases interrogatives de l'ensemble des séquences non interrogatives (voir Delattre 1966, 1967 ; Langacker 1972: 36-40 ; Meisel 1973:75-9). Dans ces conditions, on pourrait chercher à définir les structures interrogatives en termes d'un ensemble de traits formels disjonctifs. Mais cela n'empêche pas que le linguiste se trouve dans la nécessité de distinguer quelque part dans sa description la catégorie des phrases interrogatives, directes aussi bien qu'indirectes, de toutes les autres catégories de phrases, s'il veut rendre compte du fait que cette distinction est sentie comme réelle par le sujet parlant. A la suite de Katz & Postal (1964:79-120), nous nous servirons du symbole Q comme marque commune à toutes les structures interrogatives. L'interprétation sémantique de cette marque n'est pas sans poser des problèmes (cf. Baker 1970 et Langacker 1966:141; 1972; 1974), mais nous ne nous en occuperons pas dans cette étude. A côté de la

[2] Dans la pratique, bien entendu, les différences sont moins nettes que ne suggère le schéma.

lettre Q nous utiliserons les symboles ON et K pour marquer la différence entre d'une part les questions 'oui/non' (QON désormais), telles que

(1) *Pierre a mangé sa soupe à midi ?*

et d'autre part les questions contenant un mot interrogatif (QK désormais), telles que

(2) *A quelle heure Pierre a-t-il mangé sa soupe ?*

Aux questions du premier type on peut répliquer par 'oui' ou par 'non', répliques qui seraient inappropriées dans le cas des QK[3]. En outre, les QON sont généralement pourvues d'une intonation ascendante[4], tandis que dans la plupart des cas - mais pas celui où le mot interrogatif se trouve après le verbe - les QK ont une intonation descendante. La dichotomie des QON et des QK est préférable à la distinction traditionnelle entre les questions totales et les questions partielles, car cette distinction induit facilement en erreur[5]. En effet, les véritables questions totales, c'est-à-dire celles qui portent non pas sur un des constituants d'une séquence, mais seulement sur la relation entre les constituants, sont rares dans le discours. Considérons, par exemple, la phrase

(1) *Pierre a mangé sa soupe à midi ?*

Même si aucun des constituants de (1) ne porte l'accent d'intensité, le contexte permet de déterminer pour chaque énoncé correspondant à cette séquence le constituant qui fait l'objet de l'interrogation, les autres étant présupposés

---

[3] Il convient de faire la distinction entre réponse et réplique. Par réponse nous entendons tout énoncé qui suit immédiatement une question. Une réplique, au contraire, "est une réponse qu'on peut déterminer à base de la structure grammaticale de la question: Dans une réplique on accepte les présuppositions de la question (...). Le nombre de répliques possibles à une question peut être déterminé exactement" (Rohrer 1971:116). Par exemple, à la question : *Est-ce que vous êtes rentré directement chez vous hier soir ?* on peut répondre en disant : *Ça ne vous regarde pas* , mais il est seulement question de réplique si la réponse contient sous une forme ou sous une autre une confirmation ou une négation (*oui* ou *non*).

[4] Pour des exemples de QON à intonation descendante, voir Zwanenburg (1964:60-3).

[5] Voir, par exemple, Wagner & Pinchon (1962:520) et Pottier (1967:50).

par le locuteur.Il existe d'ailleurs des moyens syntaxiques (périphrase grammaticale,dislocation) qui font ressortir le constituant dont il s'agit :

(3) *C'est Pierre qui a mangé sa soupe à midi ?*

(4) *Pierre l'a mangée,sa soupe,à midi ?*

(5) *C'est sa soupe que Pierre a mangée à midi ?*

(6) *C'est à midi que Pierre a mangé sa soupe ?*

Malgré le caractère nettement 'partiel' des questions (3) à (6),ce sont toutes des QON.

Il importe aussi de faire la distinction entre les questions à sujet pronominal faible et celles qui contiennent un autre type de sujet,qu'il s'agisse des QON ou des QK.Cela apparaît immédiatement si l'on compare les séquences suivantes :

(7) *Où est-il allé ?*

(8) *Où est allé Albert ?*

(9) *Est-il parti ?*

(10)**Où est allé il ?*

(11)**Où est Albert allé ?*

(12)**Est Albert parti ?*

Les énoncés des séquences (10),(11) et (12) sont jugés totalement inacceptables en français.Dans les tableaux qui vont suivre,nous indiquerons les constructions à sujet pronominal faible par la lettre 'a',les autres constuctions à sujet unique par la lettre 'b'.

Venons-en maintenant aux formes de l'interrogation directe qu'on utilise en français populaire.Nous donnons pour chaque forme une indication concernant sa fréquence dans le corpus rassemblé par Behnstedt (1973),mais il convient d'ajouter qu'en soi "il n'y a pas grand chose à tirer de ces pourcentages,dont sont prodigues de bons linguistes,amis des statistiques,mais rebelles à la statistique" (Muller 1968:74).Le tableau 1 résume les résultats de deux enquêtes menées par Behnstedt en 1969 et en 1972 :

Tableau 1 : Formes de l'interrogation directe utilisées en français populaire, d'après les données de Behnstedt (1973:13-47,212-6)				
QON 1	a b	S -- V	+	95 %
QON 2	a b	*est-ce que* -- S -- V	+	5 % (QON 2–4)
QON 3	a b	S -- ^{-}V -- *ti* (campagnard)	(+)	
QON 4	a	^{-}V -- S_a	+	
QON 5		S_b -- ^{-}V -- S_a	-	
QK 1	a b	K -- S -- V	+	36 %
QK 2	a b	K -- *que* -- S -- V	+	26 %
QK 3	a b	K -- *est-ce que* -- S -- V	+	8 %
QK 4	a b	K -- *c'est que* -- S -- V	+	3 %
QK 5	a b	K -- *que c'est que* -- S -- V	+	6 %
QK 6	a b	S -- V -- K	+	12 %
QK 7	a b	K -- ^{-}V -- S K -- V^{-} -- S	+ +	9 %
QK 8		K -- S_b -- ^{-}V -- S_a	-	
			(n = 587)	

Signification des abréviations : S = sujet ; S_a = sujet pronominal faible ; S_b = autre type de sujet ; V = verbe ; ^{-}V = première forme verbale ; V^{-} = dernière forme verbale, y compris ce que Kayne (1973:10) appelle les modificateurs postverbaux comme *célèbre* dans *être célèbre* ; K = syntagme nominal où figure le mot interrogatif.

Exemples, empruntés pour la plupart à Behnstedt :

(13) *Tu as été chez Louis ?* (QON 1a)

(14) *Paul a déjà fini de manger ?* (QON 1b)

(15) *Est-ce qu'il est malade ?* (QON 2a)

(16) *Est-ce que Jean est encore là ?* (QON 2b)
(17) *Tu viens-ti ?* (QON 3a)
(18) *Ça va-ti aujourd'hui ?* (QON 3b)
(19) *Viens-tu boire l'apéro avec moi ?* (QON 4a)
(20) *Depuis quand tu es ici ?* (QK 1a)
(21) *Pourquoi ton fils a fait ça ?* (QK 1b)
(22) *Quelle heure qu'il est ?* (QK 2a)
(23) *Comment que ce garçon s'appelle ?* (QK 2b)
(24) *Où est-ce qu'il habite ?* (QK 3a)
(25) *Quand est-ce que Pierre est parti ?* (QK 3b)
(26) *Où c'est qu'il travaille ?* (QK 4a)
(27) *A quelle heure c'est que le camion va passer ?* (QK 4b)
(28) *Où que c'est que tu vas comme ça ?* (QK 5a)
(29) *Comment que c'est que votre femme s'appelle ?* (QK 5b)
(30) *Vous êtes combien ?* (QK 6a)
(31) *Votre mère vient de quelle région ?* (QK 6b)
(32) *A quelle heure vas-tu manger ?* (QK 7a)
(33) *Où sont passées mes cigarettes ?* (QK 7b)

Pour ce qui concerne la construction QON 3,l'on peut faire remarquer que l'enquête qu'a menée Behnstedt (1973:21-32,212-3) à ce sujet prouve que Chevalier & Blanche-Benveniste e.a. (1971:93) ont raison d'affirmer que *ti*,contrairement à ce que croient bon nombre d'auteurs[6],"n'a jamais dépassé les limites du parler campagnard ou d'une littérature faussement populaire" (voir aussi Dauzat 1939:92).

Jusqu'ici nous avons distingué nettement les questions à sujet pronominal faible des questions à sujet nominal.Mais en réalité,il existe un type de questions intermédiaire,à savoir celui où le sujet nominal est disloqué - c'est-à-dire placé en tête ou à la fin de la séquence - et repris ou annoncé par un pronom,comme dans les exemples suivants :

(34) *Ton papa,il boit beaucoup ?* (QON 1)
(35) *Il boit beaucoup,ton papa ?*

[6].Cf. Blinkenberg (1958:151),Foulet (1921:321),Grevisse (1961:631), Guiraud (1965:49),Le Bidois (1952:67),Mauger (1968:379),Renchon (1967, II:83).

(36) *Cette bagnole,à qui elle appartient ?* (QK 1)
(37) *A qui elle appartient,cette bagnole ?*

Les énoncés correspondant à des séquences de ce type sont très répandus en français populaire.Ils constituent même "un des carcatères les plus frappants de la syntaxe de la langue parlée" (Bally 1951,I:311),et Behnstedt (1973:20) note que la très grande majorité des questions à sujet nominal se construisent selon ce modèle et non pas selon le modèle simple qu'illustre l'exemple

(14) *Paul a déjà fini de manger ?*

Dans le cadre de cette étude nous nous intéressons seulement à la dislocation du constituant qui fait fonction de sujet,mais les exemples suivants montrent que d'autres constituants nominaux peuvent également subir une opération de détachement :

(38) *Elle en a assez,de cette affaire ?*
(39) *Tu les aimes,les moules,toi ?*

La dislocation est possible aussi dans des types de questions autres que les QON 1 et les QK 1,comme le montrent les séquences (40) à (47),qui,pour la plupart,ont été empruntées à Behnstedt (1973) :

(40) *Est-ce qu'il ne va pas y aller,Jean ?* (QON 2)
(41) *Mais les écoles chez vous,elles sont-i gratuites ?* (QON 3)
(42) *Comment qu'il s'appelle,ce gamin ?* (QK 2)
(43) *Où est-ce qu'elles sont,les bouteilles ?* (QK 3)
(44) *Où c'est qu'il est passé,ce chien ?* (QK 4)
(45) *Où que c'est qu'elle est,ta valise ?* (QK 5)
(46) *Ton frangin,il vient quand ?* (QK 6)
(47) *Mais comment a-t-il fait,Pierre ?* (QK 7)

Dans les phrases (34) à (37) et (40) à (47),le pronom qui représente le constituant disloqué est toujours *il(s)* ou *elle(s)*,mais on trouve aussi *ce* devant le verbe *être* et *ça* devant les autres,témoin les exemples suivants qui proviennent tous du livre de Behnstedt (1973) :

(48) *Ça vient des surplus américains,ces bloudjinnzes ?* (QON 1)
(49) *A quoi ça ressemble,la Guyane française ?* (QK 1)

(50) *C'est amusant,la voile ?* (QON 1)
(51) *Comment c'est,le prénom de votre femme ?* (QK 1)
(52) *C'est quand,les prochaines demi-finales ?* (QK 6)

Comme nous l'avons noté plus haut (p.56),la valeur stylistique de la dislocation est celle de la mise en relief.Les propriétés prosodiques des constructions disloquées sont définies comme suit par Bally (1950:61) : "La segmentation est caractérisée avant tout par le jeu des deux procédés musicaux sans lesquels elle n'est pas concevable : la pause médiane et la mélodie".La pause permet d'opposer à l'intérieur d'une phrase segmentée deux composantes "dont l'une (A) a la fonction de thème (...),et l'autre (Z) celle de propos".La mélodie caractéristique de ce type de phrase serait,selon Bally :  si l'ordre des deux composantes est AZ,et  si l'ordre est ZA,l'intervalle entre les deux traits symbolisant la pause (1950:62).Les expériences de Delattre (1966,1967,1969) ont prouvé toutefois que cette caractérisation est douteuse et que la courbe stéréotype de la composante A est bien plutôt celle de l'écho ou celle de la parenthèse,courbes que Delattre représente comme suit :

écho parenthèse

Si nous insistons sur ces propriétés prosodiques,c'est qu'elles sont indispensables à celui qui veut identifier les cas de dislocation,car s'il est vrai que les seules propriétés syntaxiques suffisent pour reconnaître toutes les dislocations par anticipation ainsi que les cas de dislocation par reprise où le sujet disloqué est séparé de $\bar{V}$ soit par *est-ce que* (QON 2),soit par le constituant qui contient le mot interrogatif K (toutes les QK sauf celles du type 6),cela n'est pas possible lorsqu'il s'agit d'une QON 1 ou d'une QK 6.En effet,à côté des séquences disloquées

(34) *Ton papa,il boit beaucoup ?*
(46) *Ton frangin,il vient quand ?*

où la virgule marque une pause réelle,l'on trouve aussi des phrases comme :

(53) *Ton papa il boit beaucoup ?*

(54) *Ton frangin il vient quand ?*

à propos desquelles Moignet, cité par Hirschbühler (1971:29), fait remarquer qu'on emploie "le pronom existentiel de la troisième personne conjointement au substantif sans expressivité particulière (...), sans qu'il y ait trace de pausette entre le substantif et le pronom dans la prosodie" (1965: 147-8)[7]. Dans ces phrases le pronom démonstratif ne se rencontre pas, ce qui nous permet d'opposer la séquence non disloquée (55) à la séquence disloquée (56) :

(55) *Mais très franchement, le bac il est le diplôme de l'avenir ?* (Behnstedt 1973:187)

(56) *Mais très franchement, le bac, c'est le diplôme de l'avenir ?*

La pause est le seul critère qui permette de distinguer (34) de (53) et (46) de (54). En effet, sans pause il est très difficile pour ne pas dire impossible de déterminer si la courbe mélodique suivante

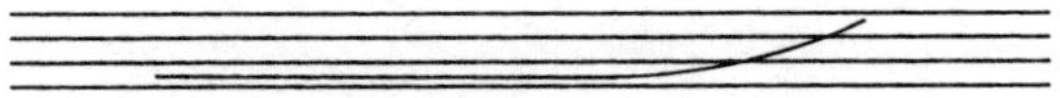

Ton papa il boit beaucoup ?

est simplement celle de la question (cf. Delattre 1966:4), auquel cas nous aurions affaire à (53), ou s'il s'agit d'une parenthèse suivie immédiatement d'une question, courbe qui correspondrait à (34). L'existence de séquences non disloquées à double sujet, comme (53) et (54), est confirmée par les exemples suivants, qui d'aucune façon ne peuvent être considérés comme des cas de dislocation, étant donné que le sujet nominal ne se trouve ni en tête ni à la fin de ces séquences :

(57) *Pourquoi ta soeur elle ne veut pas venir jouer ?*

(58) *Comment que ce type il s'appelle ?*

(observations personnelles)

Le tableau 2 a trait au français familier. Les pourcentages mentionnés constituent le résultat d'une analyse par Behnstedt d'un corpus qui date de 1972. Le nombre d'informa-

---

[7] Voir aussi Langacker (1972:44).

teurs concernés est de 21 (cf. Behnstedt 1973:50).

Tableau 2 : Formes de l'interrogation directe utilisées en français familier, d'après les données de Behnstedt (1973:48-108,217-255)

QON 1	a b	S -- V	+	90 %
QON 2	a b	*est-ce que* -- S -- V	+	
QON 3	a b	S -- $\bar{V}$ -- *ti*	-	10 %
QON 4	a	$\bar{V}$ -- S_a	+	
QON 5		S_b -- $\bar{V}$ -- S_a	-	
QK 1	a b	K -- S -- V	+	46 %
QK 2	a b	K -- *que* -- S -- V	-	
QK 3	a b	K -- *est-ce que* -- S -- V	+	12 %
QK 4	a b	K -- *c'est que* -- S -- V	+	4 %
QK 5	a b	K -- *que c'est que* -- S -- V	-	
QK 6	a b	S -- V -- K	+	33 %
QK 7	a	K -- $\underline{\bar{V}}$ -- S	+	3 %
	b	K -- V^{-} -- S	+	2 %
QK 8		K -- S_b -- $\bar{V}$ -- S_a	-	
			(n = 446)	

En comparant les tableaux 1 et 2 l'on constate que le français familier diffère du français populaire en ceci surtout que les types QK 2 et QK 5 n'y sont pas attestés. Mais tout comme en français populaire, l'inversion complexe (QON 5 et (QK 8) fait défaut en français familier.

Voyons maintenant ce qui en est du français soutenu. Le tableau 3 résume les résultats d'une analyse faite par Behnstedt (1973) de 4000 interviews et conversations radiophoniques, comprenant en tout 12069 QON et 4367 QK.

Tableau 3 : Formes de l'interrogation directe utilisées en français soutenu,d'après les données de Behnstedt (1973:108-207,256-318)

QON 1 a b	S -- V	+	41 %
QON 2 a b	*est-ce que* -- S -- V	+	39 %
QON 3 a b	S -- $\overline{V}$ -- *ti*	-	
QON 4 a	$\overline{V}$ -- S_a	+	16 %
QON 5	S_b -- $\overline{V}$ -- S_a	+	4 %
		(n = 12069)	
QK 1 a b	K -- S -- V	+	10 %
QK 2 a b	K -- *que* -- S -- V	-	
QK 3 a b	K -- *est-ce que* -- S -- V	+	3 %
QK 4 a b	K -- *c'est que* -- S -- V [8]	+	
QK 5 a b	K -- *que c'est que* -- S -- V	-	
QK 6 a b	S -- V -- K	+	25 %
QK 7 a	K -- $\overline{V}$ -- S	+	47 %
QK 7 b	K -- V^{-} -- S	+	12 %
QK 8	K -- S_b -- $\overline{V}$ -- S_a	+	3 %
		(n = 4367)	

Exemples illustrant les types de questions qui ne se rencontrent ni en français populaire,ni en français familier :

(59) *Les français ont-ils vraiment besoin de vous ?* (QON 5)

(60) *En quelle année votre famille s'est-elle installée à Paris ?* (QK 8)

---

[8] Les QK 4 ne sont pas attestées par Behnstedt (1973),mais nous en avons enregistré plusieurs énoncés.Faute de données numériques,nous nous contentons de marquer un simple '+'.

Constatons que le français tel qu'il est parlé devant les micros de la radiodiffusion se distingue du français familier par les traits caractéristiques suivants : Pour ce qui est des QON,ce qui frappe c'est la part relativement importante des QON 2 et 4 ainsi que le fait que l'inversion complexe est utilisée dans à peu près 25 % des séquences qui comprennent un sujet nominal (voir le tableau 4).Quant aux QK,la très forte proportion des constructions QK 7 saute aux yeux.De plus l'inversion complexe (QK 8) est attestée dans 13 % des séquences à sujet nominal.

En comparaison avec le français populaire et le français familier (cf. p.59),les phrases disloquées occupent une place réduite en français soutenu.A partir des données éparses de Behnstedt (1973:256,262-3,279,293-4 et 318),nous avons pu dresser le tableau suivant :

Tableau 4 : Dislocation du sujet nominal en français soutenu, d'après les données de Behnstedt (1973)

	nombre total de phrases à sujet nominal,y inclus les cas de dislocation :	nombre et % des séquences disloquées :	
QON 1	403	156	39 %
QON 2	917	68	7 %
QON 4	13	13	100 %
QON 5	446	--	--
Total :	1779	237	13 %
QK 1	37	12	32 %
QK 3	20	1	5 %
QK 6	147	40	27 %
QK 7	556	68	12 %
QK 8	115	--	--
Total :	875	121	14 %

On rencontre des cas de dislocation par anticipation aussi bien que des cas de dislocation par reprise,témoin les exemples suivants,qui,pour la plupart,proviennent du livre de Behnstedt :

(61) *Votre femme,par exemple,elle approuve ?* (QON 1)

(62) *Mais est-ce que c'est suffisant,ce quart d'heure de gymnastique tous les matins ?* (QON 2)

(63) *Et le public maintenant,il était très nombreux sur le stade,s'est-il bien comporté ?* (QON 4)

(64) *Est-il vraiment miraculeux,ce nouveau produit ?* (QON 4)

(49) *A quoi ça ressemble,la Guyane française ?* (QK 1)

(65) *Comment est-ce qu'elles peuvent savoir,les autorités ?* (QK 3)

(66) *Elle vivait où,la marquise ?* (QK 6)

(67) *Ces problèmes,quels sont-ils pour vous immédiatement ?* (QK 7)

(68) *Où était-il donc,ce Yann ?* (QK 7)

Behnstedt (1973) ne se prononce pas sur la question de savoir si l'on trouve en français soutenu,comme c'est le cas en français populaire et en français familier,des constructions QON 1 et QK 6 à double sujet,mais non disloquées.Mais tout porte à croire qu'à ce niveau de langue "la reprise du sujet n'est guère possible que si le pronom personnel sujet ne se trouve pas immédiatement auprès du nom qu'il représente (...).Seule la langue populaire se permet le rapprochement pléonastique des deux sujets,comme dans les phrases que Proust met dans la bouche de la bonne,Françoise : (...) '*Les soufflés ils* avaient bien de la crême'(...)"(Le Bidois & Le Bidois 1968,II:61).Mais si donc,en ce qui concerne les QON 1 et les QK 6,il ne semble pas y avoir , en français soutenu,de risque de confusion entre constructions disloquées et constructions à double sujet non disloquées,la coexistence à ce même niveau de langue de la construction d'inversion complexe (QON 5 et QK 8) d'une part et de la construction de dislocation par reprise d'autre part pose de nouveau un problème d'identification,du moins pour ce qui est de l'opposition entre les QON 5 et les QON 4 disloquées[9].

(59) *Les Français ont-ils vraiment besoin de vous ?*

(69) *Tout est-il définitivement réglé,Monsieur l'Ambassadeur ?*

(70) *Mais les employeurs,connaissent-ils bien l'agence ?*

---

[9] Historiquement les deux constructions sont intimement liées,la dislocation par reprise étant à l'origine de la construction d'inversion complexe (voir Foulet 1963:233-5).

(71) *Mais cette foire,dites-moi,attire-t-elle beaucoup de visiteurs ?*

(72) *Ce regard vers le centrisme,François Mitterand,n'est-il pas une sorte de cactus pour Georges Marchais ?*

(60) *En quelle année votre famille s'est-elle installée à Paris ?*

(67) *Ces problèmes,quels sont-ils pour vous immédiatement ?*

La place du sujet nominal disloqué par rapport au constituant K permet de reconnaître (60) comme une séquence QK 8 et (67) comme une QK 7,mais seul le recours au critère prosodique de la pause permet d'opposer (59),qui est une QON 5,à la phrase segmentée qu'est (70).Cette pause peut être renforcée par la présence d'une interjection,comme dans le cas de (71) et (72).La séquence (69) est nécessairement un exemple d'inversion complexe,puisque la dislocation d'un pronom indéfini est impossible (voir Kayne 1973:30 et Langacker 1972:45).

6.3. Usage et jugements intuitifs

Toutes les données qui figurent dans la section précédente - à l'exception de celles qui concernent le français populaire - ont trait à l'*usage*.Autrement dit,elles ont été tirées d'un corpus.Aussi pourrait-on se demander pourquoi nous nous sommes fondé sur ce type de données plutôt que sur un ensemble de jugements d'acceptabilité relative.Dans la section présente nous justifierons ce choix.Rappelons que nous avons consacré une partie importante du chapitre 2 à la question de savoir quelle doit être la forme d'une épreuve d'acceptabilité.Nous en sommes arrivé à la conclusion qu'il est possible d'obtenir des données valables à condition de présenter plusieurs énoncés à la fois et de ne pas demander aux témoins d'exprimer un jugement d'acceptabilité absolue.Mais il n'a pas été question à ce moment-là de l'interaction possible de plusieurs niveaux de langue.Or Labov (1969:715, 1970:186,1972:111) a constaté que,lorsqu'on interroge des informateurs sur leur dialecte et que ce dialecte jouit d'un prestige social moins grand qu'un autre dialecte dans lequel ces informateurs s'expriment plus ou moins bien,les réponses obtenues sont fortement influencées par le dialecte le plus prestigieux.Cet effet est connu sous le nom de "principle of subordinate shift".

Cette section a pour but de déterminer à l'aide des données de Behnstedt (1973) sur les formes de l'interrogation directe en français parlé si le principe susmentionné de Labov est également valable lorsqu'il s'agit non pas de deux véritables dialectes,mais de deux registres,tels que le français familier et le français soutenu.

Les conclusions de Behnstedt concernant les formes de QK en français familier sont fondées sur deux ensembles de données.Le premier comprend les résultats de l'*observation* continue de 18 personnes pendant une semaine et de 3 personnes pendant 3 jours (Behnstedt 1973:50,222-230) et ce sont ces données que résume le tableau 2 de la section précédente.Mais Behnstedt a aussi *interrogé* 25 témoins,leur demandant à propos d'un grand nombre de QK s'ils les utiliseraient dans une conversation courante[10].Les résultats de cette consultation constituent le second ensemble.Grâce à ces données nous avons pu calculer la probabilité (p) de quatre types de QK dans les deux ensembles (voir le tableau 5).Les intervalles de confiance ont été déterminés à l'aide de la formule suivante :

(73) $i.c. = 2\sqrt{\frac{p\,q}{n}}$

où i.c. désigne l'intervalle,p la probabilité,q le complément de cette probabilité et n l'effectif à base duquel nous avons calculé p ; en multipliant l'écart type $\sqrt{\frac{p\,q}{n}}$ par 2,nous réduisons le risque d'erreur à .04 (cf. Muller 1968:79,239)[11].

[10] Malheureusement Behnstedt ne donne pas de précisions sur la façon dont il a mené son enquête.

[11] En réalité,comme les observations à base desquelles nous avons calculé chaque fois l'écart type théorique ne sont pas strictement indépendantes - puisque n est le produit du nombre d'informateurs et du nombre d'items - le risque d'erreur est probablement > .04 .

Tableau 5 : Probabilité de quatre types de QK en français familier (usage réel et estimation intuitive)								
	QK 1		QK 3		QK 6		QK 7	
	p	i.c.	p	i.c.	p	i.c.	p	i.c.
usage : (n = 372)	.4677	±.052	.1452	±.037	.3548	±.049	.0323	±.018
estimation intuitive : (n = 304)	.3026	±.053	.1941	±.046	.2007	±.046	.3026	±.053

Pour ne pas devoir répéter chaque fois des exemples illustrant les différents types de questions,nous renvoyons le lecteur au dépliant de la page 142,qui contient une liste d'exemples type.

En examinant le tableau 5,l'on constate que les témoins de Behnstedt croient employer beaucoup plus d'inversions (QK 7) qu'ils ne le font en réalité.Or c'est justement la haute fréquence des questions du type QK 7 qui constitue un des traits les plus caractéristiques du français soutenu par rapport au français familier (voir section précédente)[12] Il semble donc qu'étant donné deux registres,dont le premier jouit d'un prestige plus grand que le second,le linguiste doive se méfier des jugements intuitifs du sujet parlant concernant le registre le plus bas,parce qu'en réalité ces jugements,conformément au principe énoncé par Labov, sont déterminés au moins partiellement par le registre le plus prestigieux.On peut supposer qu'en France,par suite de l'existence d'un courant puriste non négligeable[13],les différences de prestige entre les registres sont encore plus

[12] Dans une autre enquête Behnstedt a demandé à 200 témoins à propos de 40 énoncés correspondant à des séquences du type QON 4 s'ils les utilisaient dans leurs conversations de tous les jours.Ici encore les informateurs ont surestimé de beaucoup la fréquence de l'inversion,comme Behnstedt a pu le constater par la suite en observant pendant une semaine cinq personnes qui avaient déclaré utiliser tous,ou presque tous les énoncés de l'enquête.En réalité,pendant la période d'observation aucun énoncé d'une séquence QON 4 n'a pu être enregistré par l'auteur (cf. Behnstedt 1973:53)

[13] Cf. le numéro spécial de *Langue française* qui a été consacré à ce sujet : No 16 (1972).

importantes qu'ailleurs. Pour ce qui est des QK, les "défenseurs de la langue" recommandent vivement l'inversion (QK 7), tolèrent les questions formées avec *est-ce que* (QK 3) et condamnent les constructions QK 1 et QK 6 (cf. Behnstedt 1973:101-8).

Faisons remarquer par ailleurs que s'il est vrai que les jugements sur l'admissibilité des différents types de QK en français familier sont influencés par l'usage en français soutenu, cela n'implique pas que ces jugements reflètent cet usage correctement. En effet, l'analyse des QK 7 en français soutenu, effectuée par Behnstedt, révèle que la distribution des cinq mots K suivants : *où*, *comment*, *quand*, *pourquoi* et *combien* n'est nullement aléatoire comme le suggèrent les résultats de l'enquête sur le français familier, où aucun de ces mots ne présente un écart par rapport à l'hypothèse nulle (voir le tableau 6).

Tableau 6 : Distribution de 5 mots K dans les questions de type QK 7, d'après les données de Behnstedt (1973:231-2,298-306)

	français soutenu (usage)			français familier (estimation intuitive)		
	effectifs			effectifs		
	total QK	QK 7	écart	total QK	QK 7	écart
où	371	275	+	73	27	o
comment	1198	858	+	63	14	o
quand	89	32	-	55	14	o
pourquoi	281	176	o	67	24	o
combien	489	121	-	62	13	o
autres	1064	581		90	34	
	3492	2043		410	126	

+ = écart positif
- = écart négatif
o = pas d'écart significatif

} par rapport à l'hypothèse nulle ($p < .05$)

L'hypothèse nulle consiste à supposer que tout se passe au hasard ; pour apprécier un écart entre le modèle théorique (l'hypothèse nulle) et la réalité, l'on peut appliquer le test χ^2 (ou test de Pearson), dont la formule générale est la suivante :

(74) $\chi^2 = \sum \frac{(o - c)^2}{c}$

où c représente la valeur théorique et o la valeur observée ; admettre un seuil de signification de .05 veut dire qu'on considère un résultat comme significatif s'il a moins de 5 chances sur 100 d'être dû au seul hasard (cf. Muller 1968:95-103)[14].

Le fait que, dans le tableau 6, l'écart entre usage et estimation intuitive n'est pas systématique correspond également à une observation de Labov qui déclare : "quand on demande à des sujets qui parlent un dialecte subordonné de répondre à des questions directes concernant leur langue, leurs réponses s'en écarteront de façon irrégulière"(1972: 111).

Toutefois, avant de passer aux conclusions, il nous faut prévenir deux objections possibles :

(a) Nous sommes mal renseignés sur la méthode qu'a suivie Behnstedt pour interroger ses témoins. Etant donné l'importance de ce facteur (voir le chapitre 2), il se pourrait que les écarts entre usage et estimation intuitive que nous venons de signaler, soient dus à la façon dont l'enquête a été menée.

(b) Même en admettant que la méthode utilisée pour obtenir les jugements d'acceptabilité n'ait pas faussé les résultats, il faut avouer que le cas des questions du type QK 7 est particulier parce que, comme nous l'avons signalé, il est probable que des considérations normatives (prestige exceptionnel de l'inversion) sont entrées en ligne de compte. Il conviendrait donc d'examiner le rapport entre usage et jugements intuitifs pour d'autres types de questions.

Faute de données précises il est bien sûr impossible de neutraliser complètement la première objection. Il semble pourtant que dans le cas de l'enquête susmentionnée nous

---

[14] Comme les données d'observation de Behnstedt (1973) ne sont pas totalement indépendantes les unes des autres (voir la note 11, p.67), il eût été préférable d'utiliser le test Cochran Q au lieu du test χ^2 (cf. Siegel 1956:161-6). Cela était malheureusement impossible parce que Behnstedt s'est contenté de mentionner les données numériques concernant le groupe d'informateurs pris dans sa totalité.

n'ayons pas de soucis à nous faire.En effet,à côté de cette enquête suspecte,qui a porté sur tous les types de QK en français familier,nous disposons aussi des résultats d'une enquête ayant trait uniquement aux questions du type QK 6. Pour ce qui est des deux exigences méthodologiques principales (pas de jugements d'acceptabilité absolue,plusieurs énoncés à la fois) cette enquête est satisfaisante,puisque Behnstedt a soumis cinq énoncés,correspondant à des séquences QK 6,à 200 informateurs en leur demandant d'attribuer à chaque énoncé une des cinq valeurs de l'échelle d'acceptabilité suivante :

- inacceptable (.00)
- à peine acceptable (.25)
- passable (.50)
- plutôt acceptable (.75)
- parfaitement acceptable (1.00) (cf. Behnstedt 1973:78)

Nous avons mentionné les résultats de l'analyse par Behnstedt des 1000 réponses obtenues dans le tableau 7 :

Tableau 7 : Acceptabilité relative de 5 mots K dans des questions du type QK 6,d'après les données de Behnstedt (1973:244)

	moyenne sur une échelle allant de .00 à 1.00	intervalles de confiance ($p < .05$)	
jugement d'ensemble :	.4305	.4122	.4488
- *quand*	.5400	.5018	.5782
- *combien*	.5275	.4886	.5664
- *où*	.4300	.3926	.4674
- *comment*	.4225	.3821	.4629
- *pourquoi*	.2360	.2050	.2670

L'on constate que la distribution des mots K n'est pas aléatoire,les énoncés où figurent les mots *quand* et *combien* étant siginificativement plus acceptables que ceux où figurent les mots *où* et *comment*,ces énoncés étant à leur tour plus acceptables que ceux construits avec *pourquoi*.Or,ces résultats sont exactement les mêmes que ceux qui avaient été obtenus dans l'enquête 'suspecte' (voir Behnstedt 1973:233).Nous supposerons donc,par analogie,qu'en ce qui concerne les QK 7 ce n'est pas la méthode d'interrogation qui est responsable de l'écart considérable entre usage et jugements intuitifs.

Le tableau 8 nous permet d'évaluer l'écart entre usage et estimation intuitive pour les types de QK autres que les QK 7.Pour chaque type de question nous indiquons les résultats de l'étude sur la distribution des cinq mots K : *où*, *comment*,*quand*,*pourquoi* et *combien* en français familier (usage = FF_u ; enquête = FF_e) et en français soutenu (usage = FS_u).

Tableau 8 : Appréciation des écarts par rapport à l'hypothèse nulle ($p < .05$) dans la distribution de 5 mots K pour 3 types de questions en français familier (usage et estimation intuitive) et en français soutenu (usage),d'après les données de Behnstedt (1973:231-2,222-230 et 306-7)

	type QK 1			type QK 3			type QK 6		
	FF_u	FF_e	FS_u	FF_u	FF_e	FS_u	FF_u	FF_e	FS_u
où	-	-	-	+	+	+	o	o	-
comment	+	o	+	-	o	+	-	o	-
quand	-	-	-	+	+	o	+	+	+
pourquoi	+	+	+	-	o	+	-	-	-
combien	-	+	-	-	-	-	+	+	+

Pour ce qui est des QK 1 il n'y a pas de différence entre les deux niveaux de langue sur le plan de l'usage,du moins si l'on s'en tient à la distribution des 5 mots K susmentionnés ; pourtant l'estimation intuitive s'écarte de l'usage à deux reprises.Quant aux QK 3,les résultats de l'enquête se situent à mi-chemin entre l'usage en français familier et celui du français soutenu.Dans le cas des QK 6,la correspondance entre usage et jugements intuitifs en français familier est étroite,mais il y a tout de même un écart significatif pour le mot *comment*.Les différences sont donc moins spectaculaires que celles qui ont trait aux questions du type QK 7,mais elles existent quand même.

La conclusion que nous tirons de toutes ces considérations est la suivante.Comme des jugements intuitifs concernant l'usage ne sont valides que dans la mesure où ils reflètent cet usage correctement (cf. Labov 1972),le linguiste qui s'intéresse aux différences entre plusieurs registres a intérêt à ne pas se fier à des jugements d'acceptabilité relative,même s'il les a obtenus en utilisant une méthode irréprochable.Dans le domaine des niveaux de langue c'est avant tout l'usage qu'il faut suivre.

6.4. Acceptabilité d'un énoncé interrogatif

Suivant le précepte qui a été formulé dans la section précédente,nous définirons l'acceptabilité relative d'un énoncé en fonction des données de Behnstedt (1973) concernant l'*usage*.Cela implique,par exemple,qu'un énoncé correspondant à une séquence du type QON 5[15] sera considéré comme étant inacceptable en français populaire parce que les constructions de ce type ne s'y rencontrent pas,comme l'indique le tableau 1 de la section 6.2. (p.57).Cependant,en général,les pourcentages de ces tableaux ne nous permettent pas d'en déduire directement des degrés d'acceptabilité relative.Cela ne serait possible que si aucune contrainte ne s'exerçait sur le choix des différents types de questions, c'est-à-dire si la répartition de ces types était parfaitement stable.Or il est clair,pour ne donner qu'un exemple, qu'une séquence à sujet pronominal ne peut pas être construite selon les modèles QON 5 et QK 8,bien qu'en français soutenu de telles constructions soient attestées (mais avec un sujet nominal).Mais même si l'on faisait abstraction de ce facteur et qu'on ne considérât que les questions à sujet pronominal en français soutenu,les pourcentages qu'on obtiendrait alors - QON 1a:44%,QON 2a:36%,QON 4a:20%, QK 1a:6%,QK 3a:3%,QK 6a:27%,QK 7a:64% - ne fourniraient une indication valable que si le rapport de fréquence ainsi défini se vérifiait pour n'importe quel fragment du corpus.Or tel n'est pas le cas.Au moyen du test χ^2 (voir p.69),Behnstedt a réussi à isoler un certain nombre de facteurs qui sont responsables d'écarts significatifs par rapport à l'hypothèse nulle.Ce sont ces facteurs dont nous allons dresser l'inventaire maintenant.

Pour ce qui concerne les QON en français populaire et en français familier,Behnstedt n'a pas pu faire d'analyse sta-

---

[15] Pour des exemples,voir le dépliant de la page 142.

tistique.Elle n'aurait eu d'ailleurs qu'un intérêt marginal, étant donné l'écrasante prédominance des questions du type QON 1.L'analyse du corpus des 12069 QON en français soutenu (FS) révèle que ce sont la nature du sujet et le choix du verbe qui constituent les facteurs déterminants.Le tableau 9 montre que les énoncés d'une séquence QON 1 à sujet pronominal faible sont plus acceptables que ceux d'une séquence QON 1 à sujet nominal en FS[16].Par contre,les énoncés des séquences à sujet inversé (QON 4a et QON 5) sont relativement plus acceptables si le sujet est un nom (QON 5) que si le sujet est un pronom faible (QON 4a)[17].

Tableau 9 : Appréciation des écarts ($p < .01$) dans la distribution de trois types de QON en FS en fonction de la nature du sujet,d'après les données de Behnstedt (1973:144-8, 279)

	QON 1	QON 4 ou 5
pronom faible :	+	-
autre type de sujet :	-	+

Behnstedt ajoute (1973:151-2,290) que si le sujet est un pronom,il importe aussi de savoir s'il s'agit d'un pronom de la troisième personne du singulier,d'un pronom de la deuxième personne du pluriel ou d'un autre pronom (voir le tableau 10).La tableau 9 nous a montré que les constructions à sujet pronominal se construisent de préférence selon le modèle QON 1.Le tableau 10 permet de préciser que cela est vrai surtout pour le pronom *vous*.Par contre,les énoncés d'une séquence QON 4 dont le sujet est *vous* sont relativement peu acceptables.En construisant le tableau 10,nous avons fait abstrac-

---

[16] Signalons que la nature du sujet (nom ou pronom) est cité comme facteur déterminant l'acceptabilité relative d'un énoncé dans au moins deux autres études.La première est celle de Labov (1969) sur la contraction et la suppression de la copule anglaise,l'autre étant la publication de Bickerton (1971) sur les complémentiseurs *fu* (ou *fi*) et *tu* devant l'infinitif en créole guyanais.

[17] Nous ne tenons pas compte ici des constructions avec *est-ce que*,parce que nous analyserons ces constructions d'une autre manière que Behnstedt (voir la section 7.1.5.).

tion du pronom de la troisième personne du singulier *ce*.

Tableau 10 : Appréciation des écarts ($p < .01$) dans la distribution de deux types de QON en FS en fonction de la personne du pronom, d'après les données de Behnstedt (1973:151-2, 290)

	QON 1	QON 4
3e personne du singulier (sauf *ce*) :	-	+
2e personne du pluriel :	+	-
autres personnes :	-	+

L'analyse de Behnstedt prouve encore que le degré d'acceptabilité relative dépend de façon significative du choix du verbe. Le tableau 11 résume pour les quatorze verbes les plus fréquents en français parlé (cf. Gougenheim e.a. 1964) les écarts par rapport à l'hypothèse nulle.

Tableau 11 : Appréciation des écarts ($p < .05$) dans la distribution de trois types de QON en FS en fonction du choix d'un des 14 verbes les plus fréquents en français parlé, d'après les données de Behnstedt (1973:148-151,286-9)

	QON 1	QON 4,5		QON 1	QON 4,5
1. *être*	o	o	8. *pouvoir*	-	+
2. *avoir*	o	o	9. *falloir*	-	+
3. *faire*	+	-	10. *vouloir*	-	+
4. *dire*	+	-	11. *venir*	+	-
5. *aller*	o	o	12. *prendre*	o	o
6. *voir*	o	o	13. *arriver*.	+	-
7. *savoir*	o	o	14. *croire*	o	o

Note : Il a été fait abstraction de l'inversion de *ce* et *être* devant *que* (voir note 29 du chapitre 7).

Signalons encore que les énoncés des séquences à sujet inversé (QON 4 et 5) sont relativement plus acceptables si la forme verbale conjuguée est monosyllabique que si elle se compose de plusieurs syllabes. L'inverse est vrai pour les énoncés d'une séquence QON 1 (voir le tableau 12). En outre les énoncés d'une séquence QON 1 dont la forme verbale conjuguée est au temps imparfait sont plus acceptables que ceux dont les séquences contiennent un futur. L'inverse est vrai pour les énoncés correspondant à une séquence QON 4 ou 5 (voir le tableau 13).

Tableau 12 : Appréciation des écarts ($p < .05$) dans la distribution de trois types de QON en FS en fonction du nombre de syllabes de la forme verbale conjuguée,d'après les données de Behnstedt (1973:152,291)

	QON 1	QON 4,5
1 syllabe :	-	+
2 syllabes :	o	o
plus de 2 syllabes :	+	-

Tableau 13 : Appréciation des écarts ($p < .05$) dans la distribution de trois types de QON en FS en fonction du temps de la forme verbale conjuguée,d'après les données de Behnstedt (1973:153-4,292)

	QON 1	QON 4,5
présent :	o	o
imparfait :	+	-
futur :	-	+

Il est dommage que Behnstedt ne se prononce pas sur le poids relatif de tous ces facteurs,de sorte qu'il nous est impossible de déterminer le degré d'acceptabilité globale d'un énoncé QON en français soutenu.Toutefois,dans le cadre de cette étude,ce manque de données n'est pas très grave.En effet,notre but n'est pas tant la description exhaustive de l'interrogation directe en français parlé,mais bien plutôt l'identification des facteurs qui déterminent l'acceptabilité relative d'un énoncé,afin de découvrir de quelle manière on pourrait en rendre compte en termes grammaticaux.

Dans le domaine des QK la situation est légèrement moins complexe.Comme dans le cas des QON,c'est la nature du sujet qui détermine en partie le degré d'acceptabilité d'un énoncé QK,du moins en français soutenu[18].Le tableau 14 permet de

[18] Behnstedt ne fait pas état de ce facteur dans son analyse du français populaire ni dans celle du français familier.

constater que les énoncés d'une séquence QK 1 ou QK 6 à sujet pronominal faible sont plus acceptables que ceux qui correspondent à une séquence dont le sujet est un nom. La situation contraire se présente lorsqu'il s'agit d'une séquence à sujet inversé (QK 7a,7b et 8).

Tableau 14 : Appréciation des écarts ($p < .01$) dans la distribution de 4 types de QK en FS en fonction de la nature du sujet, d'après les données de Behnstedt (1973:156,293)

	QK 1	QK 6	QK 7a ou 7b,8
pronom faible :	+	+	-
autre type de sujet :	-	-	+

Dans le cas d'une séquence QK 7b il semble d'ailleurs que ce ne soit pas exclusivement la nature du constituant qui fait fonction de sujet qui détermine l'acceptabilité relative des énoncés correspondants. Grevisse (1961:135) déclare en effet qu'on évite cette construction si la séquence en question comprend un objet direct ou un attribut qui ne fait pas l'objet de l'interrogation, c'est-à-dire qui est différent du constituant K. C'est ainsi que les énoncés des séquences suivantes seraient sans doute jugés inacceptables par Grevisse :

(75) *Où a caché son fusil Pierre ?*

(76) *Quand deviendra célèbre ce comédien ?*

Kayne (1973:12-3) fait remarquer cependant que les énoncés qui correspondent à des séquences du type (76) deviennent nettement plus acceptables si l'on augmente la longueur du sujet de ces séquences, comme dans

(77) *Quand deviendra célèbre le comédien que nous avons vu si bien jouer à la télévision ?*

Quoi qu'il en soit, Behnstedt (1973:162) a pu déterminer que c'est avant tout le choix du mot K qui est à l'origine des différences d'acceptabilité entre les énoncés correspondant à des séquences QK[19]. La plupart des données ont déjà été

[19] Mais pas plus que dans le cas des QON, Behnstedt ne se prononce sur le poids relatif des facteurs déterminants.

présentées dans les tableaux 6 et 8 de la section précédente (pp. 69 et 72).Pour faciliter la lecture nous les récapitulons tout en y ajoutant les résultats de l'*enquête* de Behnstedt portant sur le français populaire (voir le tableau 15).Deux remarques toutefois.Le corpus de Behnstedt concernant le français familier contient si peu d'énoncés correspondant à des séquences du type QK 7,qu'il est impossible de les analyser de façon valable.C'est pourquoi la colonne correspondante fait défaut dans le tableau 15.La deuxième remarque est que le tableau 15 n'a trait qu'aux énoncés de séquences à sujet pronominal faible.

Tableau 15 : Appréciation des écarts ($p < .05$) dans la distribution de 4 types de QK en FP (enquête),en FF et en FS,en fonction du choix du mot K,d'après les données de Behnstedt (1973:93,163-9,214)

	QK 1a			QK 3			QK 6a			QK 7a	
	FP_e	FF	FS	FP_e	FF	FS	FP_e	FF	FS	FP_e	FS
où	o	-	-	o	+	+	-	o	-	o	+
comment	+	+	+	-	-	+	-	-	-	o	+
quand	-	-	-	+	+	o	+	+	+	-	-
pourquoi	o	+	+	-	-	+	-	-	-	+	o
combien	o	-	-	-	-	-	+	+	+	o	-

Il est évident que le tableau 15 n'est pas complet.Pour illustrer notre propos nous nous sommes limité aux cinq mots K : *où*,*comment*,*quand*,*pourquoi* et *combien*,parce qu'ils font tous fonction d'adverbe et que si le constituant K est un complément adverbial,tous les types de questions constituent en principe des variantes libres (cf. Behnstedt 1973:12).Dès qu'on prend en considération des mots K comme *qui* et *quoi*/*que*,la situation se complique du fait que,sans préposition, ces mots fonctionnent comme sujet,attribut ou objet direct et que dans ces conditions certains types de questions sont exclus.Les séquences suivantes,par exemple,montrent que si *que/quoi* est objet direct ou attribut,seules sont possibles les constructions QK 3,6 et 7 (cf. Behnstedt 1973:12,68,137-8) :

(78) *Qu'est-ce que Pierre a fait ? (est devenu ?)* (QK 3)

(79) *Pierre a fait (est devenu) quoi ?* (QK 6)
(80) *Qu'a fait (est devenu) Pierre ?* (QK 7)
(81)**Que Pierre a fait ? (est devenu ?)* (QK 1)
(82)**Que que Pierre a fait ? (est devenu ?)* (QK 2)
(83)**Que c'est que Pierre a fait ? (est devenu ?)* (QK 4)
(84)**Que que c'est que Pierre a fait ? (est devenu ?)* (QK 5)
(85)**Que Pierre a-t-il fait ? (est-il devenu ?)* (QK 8)

Les énoncés des séquences (81) à (85) sont totalement inacceptables.Lorsque *qui* est sujet,les restrictions sont de nouveau différentes ; seules les constructions QK 1,2,3,4 et 5 se rencontrent :

(86) *Qui a mangé le fromage ?* (QK 1)
(87) *Qui qu'a mangé le fromage ?* (QK 2)
(88) *Qui est-ce qui a mangé le fromage ?* (QK 3)
(89) *Qui c'est qui a mangé le fromage ?* (QK 4)
(90) *Qui que c'est qui a mangé le fromage ?* (QK 5)
(91)**A mangé le fromage qui ?* (QK 6,7)
(92)**Qui a-t-il mangé le fromage ?* (QK 8)

Les énoncés des séquences (91) et (92) sont de nouveau totalement inacceptables.

Si notre but avait été la description exhaustive de l'interrogation directe en français parlé,nous aurions été obligé de continuer à énumérer les particularités de tel ou tel mot K.Mais - répétons-le - le but de ce chapitre était différent : nous avons voulu explorer en détail un fragment de syntaxe française afin de découvrir un certain nombre de facteurs qui déterminent l'acceptabilité relative d'un énoncé.Grâce à l'étude de Behnstedt (1973) nous savons qu'en ce qui concerne l'interrogation directe en français parlé il convient de mentionner en tout cas les facteurs suivants :

- QON et QK : nature du sujet (nom ou pronom faible ; personne du pronom)
- QON : choix du verbe ; nombre de syllabes et temps de la forme verbale conjuguée
- QK : choix du mot K.

Cependant,la question qui nous intéresse vraiment est celle de savoir comment ces facteurs pourraient être incorporés dans une description générative-transformationnelle.C'est pourquoi nous nous proposons d'examiner maintenant, à la lumière des faits décrits dans ce chapitre, les descriptions transformationnelles existantes de l'interrogation directe en français moderne et de les corriger, ou de les compléter, le cas échéant.

Chapitre 7

Description générative-transformationnelle

7.1. Règles proposées

7.1.1. Introduction

La première analyse générative-transformationnelle de l'interrogation directe en français moderne est celle de Langacker (1965,1966),qui propose de décrire les données au moyen d'une série de transformations dont le fonctionnement peut être illustré comme suit :

(1) Le gouvernement se réunit à quelle heure ==ATTRACTION K[1]==> A quelle heure le gouvernement se réunit ==REDUPLICATION==> A quelle heure le gouvernement se réunit le gouvernement ==> soit ==PRONOMINALISATION==> *A quelle heure le gouvernement se réunit-il ?*
==> soit ==EFFACEMENT SN REDUPLIQUE==> *A quelle heure se réunit le gouvernement ?*

(2) Pierre prend le café à midi ==REDUPLICATION==> Pierre prend Pierre le café à midi ==PRONOMINALISATION==> *Pierre prend-il le café à midi ?*

(3) Il viendra bientôt ==REDUPLICATION==> Il viendra il bientôt ==EFFACEMENT SN REDUPLIQUE==> *Viendra-t-il bientôt ?*

(4) Ce ($_P$ que Pierre prend le café à midi) est ==EXTRAPOSITION==> Ce est ($_P$ que Pierre prend le café à midi) ==REDUPLICATION==> Ce est ce ($_P$ que Pierre prend le café à midi) ==EFFACEMENT SN REDUPLIQUE==> *Est-ce que Pierre prend le café à midi ?*

(5) Ce ($_P$ que le gouvernement se réunit à quelle heure) est à quelle heure ==EXTRAPOSITION==> Ce est à quelle heure ($_P$ que le gouvernement

[1] C'est ainsi que nous avons traduit le terme anglais 'WH-shift'.

se réunit à quelle heure) $\xrightarrow{\text{EFFACEMENT SN ENCHASSE}}$ Ce est à quelle heure ($_P$ que le gouvernement se réunit) $\xrightarrow{\text{ATTRACTION K}}$ A quelle heure ce est ($_P$ que le gouvernement se réunit) $\xrightarrow{\text{REDUPLICATION}}$ A quelle heure ce est ce ($_P$ que le gouvernement se réunit) $\xrightarrow{\text{EFFACEMENT SN REDUPLIQUE}}$ *A quelle heure est-ce que le gouvernement se réunit ?*

Si l'on fait abstraction des constructions disloquées,l'on constate que la description de Langacker est presque complète,car de toutes les formes que nous avons mentionnées dans la section 6.2. seules ne sont pas engendrées celles qui appartiennent exclusivement au français populaire,à savoir les QK 2 et les QK 5[2].Dans cette analyse aucune transformation ne devrait être appliquée lors de la dérivation des QON 1 et des QK 6.Pour engendrer les QK 1 et 4 il suffirait d'appliquer la transformation d'attraction du constituant K[3].Pourtant nous n'essayerons pas de compléter la description de Langacker.C'est qu'elle a soulevé plusieurs objections qu'il nous faudra examiner d'abord.De plus elle demande à être revue à la lumière de développements récents en grammaire générative-transformationnelle,en particulier ceux concernant les conditions sur les transformations (cf. Chomsky 1973, Emonds 1970 et Ross 1967).

Il sera question en premier lieu de l'inversion du sujet et du verbe (sections 7.1.2. et 7.1.3.),puis de la transformation d'attraction du constituant K (section 7.1.4.).En deuxième lieu nous considérerons les séquences construites avec *est-ce que* (section 7.1.5.).Ensuite nous étendrons l'analyse aux séquences QK 2 et QK 5 (section 7.1.6.) et aux constructions disloquées (section 7.1.7.).En dernier lieu nous réunirons toutes les règles que nous aurons proposées précédemment (section 7.1.8.).

---

[2] Comme nous nous limitons au parler des groupes socio-économiques urbains,nous ne prenons pas en considération les QON 3.

[3] Pour des exemples illustrant les différents types de séquences,nous renvoyons le lecteur au dépliant de la page 142.

7.1.2. Inversion du sujet nominal

Indépendamment les uns des autres, Dubois & Dubois-Charlier (1970:221-4), Hirschbühler (1971) et Kayne (1973:10-27) en arrivent à la conclusion que l'inversion du sujet doit être décrite au moyen de deux transformations distinctes, l'une s'appliquant seulement aux pronoms clitiques, l'autre au sujet nominal. On constate, en effet, qu'il y a un grand nombre de faits qui opposent les deux types de sujets. Nous nous contentons de citer quelques cas, illustrés par des exemples qui tous ont été empruntés à Kayne (1973) :

- dans les QON seul le pronom clitique peut être inversé :

(6) *Partira-t-il ?*

(7)**Partira ce garçon ?*

- dans les QK dont le verbe est précédé d'un auxiliaire (temporel ou modal) la place du sujet nominal inversé n'est pas identique à celle du sujet clitique :

(8) *Qu'a fait cette femme ?*

(9) *Qu'a-t-elle fait ?*

(10)**Qu'a cette femme fait ?*

(11)**Qu'a fait-elle ?*

(12) *Que voulait manger ce jeune homme ?*

(13) *Que voulait-il manger ?*

(14)**Que voulait ce jeune homme manger ?*

(15)**Que voulait manger il ?*

- seule l'inversion du sujet nominal est possible dans les QK indirectes :

(16) *Je sais très bien à quelle heure partira ce garçon*

(17)**Je sais très bien à quelle heure partira-t-il*

- de même dans les propositions relatives :

(18) *La maison où habite cet homme est très jolie*

(19)**La maison où habite-t-il est très jolie*

Dans l'appendice d'un article de 1972 (pp. 61-9) Langacker, bien qu'il continue à exprimer quelques réserves, se rend en fait à l'évidence : "Kayne's arguments (...) are well made and reasonably convincing, and I am inclined to accept his formulation of question inversion in preference to the one I proposed in 1965" (Langacker 1972:61) ; "I would no doubt be more fully convinced if I did not have a stake in the matter" (1972:69).Par conséquent,nous pouvons entamer de suite la question de savoir comment doivent être formulées les deux règles.

En ce qui concerne la règle qui déplace le sujet nominal dans les interrogatives aussi bien que dans les relatives,la formule adéquate n'est pas facile à trouver.C'est qu'à côté des exemples (20) et (23),qui suggèrent que le sujet doit être renvoyé à la fin de la phrase,comme le voudrait Kayne (1973:19),il existe d'autres exemples (24 à 29) qui portent à croire que le sujet nominal doit être inséré immédiatement à droite du verbe (cf. Hirschbühler 1971:33 et Meisel 1973:94) :

(20) *Où a eu lieu la cérémonie de mariage ?*

(21)**Où a eu la cérémonie de mariage lieu ?*

(22) *A quelle heure changera d'avis cette fille ?*

(23)**A quelle heure changera cette fille d'avis ?*

(24) *Que pensent vos parents de cette histoire ?*

(25)**Que pensent de cette histoire vos parents ?*

(26) *Que dira ton frère à sa petite amie ?*

(27)**Que dira à sa petite amie ton frère ?*

(28) *Où est allé votre ami pour trouver la paix ?*

(29)**Où est allé pour trouver la paix votre ami ?*

En outre il existe des cas où les deux positions sont admises (exemples 30 à 33) et il y en a d'autres où toute inversion du sujet nominal est exclue (exemples 32 à 35) :

(30) *Qu'ont décidé ce matin les conducteurs de métro ?*

(31) *Qu'ont décidé les conducteurs de métro ce matin ?*

(32) *A quelle manifestation ont assisté hier soir le président de la république et son hôte ?*

(33) *A quelle manifestation ont assisté le président et son hôte hier soir ?*

(34)**A qui a donné sa soupe Pierre ?*

(35)**A qui a donné Pierre sa soupe ?*

(36)**Où a rencontré cet homme Jacqueline ?*

(37)**Où a rencontré Jacqueline cet homme ?*

Kayne (1973:14-5) estime que "la solution idéale consisterait à prouver que les compléments qui peuvent suivre les sujets postposés,comme dans (26) et (28),sont exactement ceux-là mêmes qui ne se trouvent pas dominés par un noeud intermédiaire,appelons-le Sv".Mais il ajoute : "Malheureusement il est loin d'être clair que cette approche soit la meilleure.D'une part,le problème de la justification et de la nature de constituant du noeud Sv en français a été peu étudié.D'autre part,le complément en *à* de *dire* (voir exemple 26) appartient vraisemblablement au domaine du Sv.Pire encore,il existe quelques locuteurs pour accepter certaines des phrases marquées d'un astérisque (...)[telles que (21) et (23)],et il serait surprenant de pouvoir attribuer de telles différences dialectales à des différences dans la structure du Sv".Nous verrons plus bas qu'effectivement cette solution "idéale" n'est pas la meilleure qui soit.

Meisel suit une autre voie : il propose de limiter l'application de la transformation d'inversion du sujet nominal aux suites dont le constituant K est dominé immédiatement par Sv avant d'être déplacé par la transformation d'attraction K (1973:92).Tel serait le cas des constituants K fonctionnant comme objet direct (exemple 38),comme objet indirect (exemple 39) et de certaines catégories d'adverbes (exemple 40),par opposition à toute une autre série d'adverbes (exemples 41 à 43) :

(38) *Que disent les journaux ?*
(39) *A qui obéit ce chien ?*
(40) *Où va Pierre ?*
(41) *Quand travaille Pierre ?*
(42) *Avec quoi travaille le menuisier ?*
(43) *A quelle heure partira Pierre ?*

Mais en réalité cette solution est totalement inadéquate : les séquences (41) à (43) sont bloquées à tort (voir la section 6.2. de notre étude) et les séquences (34) à (37),qui devraient être bloquées,ne le sont pas.

Les faits s'expliquent beaucoup mieux à partir du moment où l'on accepte l'hypothèse de Emonds (1970),selon laquelle les transformations qui déplacent des noeuds syntagmatiques - c'est-à-dire : P(phrase),Sn(syntagme nominal),Sv(syntagme verbal),Sadj(syntagme adjectival) et Sp(syntagme prépositionnel) - sont soit 'conservatrices',soit 'radicales',les dernières ne s'appliquant qu'aux propositions matrices.Comme la transformation d'inversion du sujet nominal s'applique également aux propositions enchâssées (voir plus haut les exemples 16 et 18),elle est nécessairement conservatrice.Cela implique qu'elle est bloquée automatiquement chaque fois que la structure dérivée qui en résulterait n'est pas engendrable telle quelle par les règles syntagmatiques.Or,comme le notent Ruwet (1972:21) et Dubois & Dubois-Charlier (1970: 222),la suite V-Sn-Sn n'est pas engendrée par les règles syntagmatiques du français et la même remarque peut être faite à propos de la suite V-Sp-Sn.Cela suffit pour expliquer l'inacceptabilité des énoncés qui correspondent aux séquences (25),(27),(29) et (34) à (37),que nous reproduisons ici pour faciliter la lecture :

(25)**Que pensent de cette histoire vos parents ?*

(27)**Que dira à sa petite amie ton frère ?*

(29)**Où est allé pour trouver la paix votre ami ?*

(34)**A qui a donné sa soupe Pierre ?*

(35)**A qui a donné Pierre sa soupe ?*

(36)**Où a rencontré cet homme Jacqueline ?*

(37)**Où a rencontré Jacqueline cet homme ?*

A la lumière de ce qui précède on pourrait s'étonner de l'acceptabilité des énoncés qui correspondent aux séquences (30) à (33),où apparemment nous avons également affaire à la suite V-Sn-Sn :

(30) *Qu'ont décidé ce matin les conducteurs de métro ?*

(31) *Qu'ont décidé les conducteurs de métro ce matin ?*

(32) *A quelle manifestation ont assisté hier soir le président de la république et son hôte ?*

(33) *A quelle manifestation ont assisté le président de la république et son hôte hier soir ?*

Mais en réalité *ce matin* et *hier soir* ne remontent pas à un Sn,mais à un Sp et la dérivation des séquences (31) et (33) ne pose donc aucun problème,à condition d'insérer le sujet nominal inversé non pas à la fin de la phrase - puisqu'il en résulterait une suite non engendrée par les règles syntagmatiques,à savoir V-Sp-Sn - mais à droite du verbe,conformément à ce que proposent Hirschbühler (1971:33) et Meisel (1973:94).Le fait qu'à côté de (31) et de (33) nous trouvons aussi (30) et (32) n'a strictement rien à voir avec la transformation d'inversion du sujet nominal.En effet,(30) et (32) sont dérivées à partir des structures sous-jacentes à (31) et (33) au moyen d'une transformation appelée 'permutation de longueur',qui a été justifiée indépendamment (voir Gross 1968:57-60)[4].

Il nous reste à rendre compte de l'inacceptabilité des énoncés qui correspondent aux séquences (21) et (23) :

(21)**Où a eu la cérémonie de mariage lieu ?*

(23)**A quelle heure changera cette fille d'avis ?*

Kayne écrit à ce propos : "Sans aucun doute il y a là quelque chose qui dépend du degré de proximité entre le verbe et le complément,mais il reste à voir si une telle notion peut être rendue plus précise" (1973:14-5).Or,pour préciser cette notion,il n'est pas besoin de recourir au noeud Sv,comme le croit Kayne (voir le passage que nous avons cité à la page 85).En effet,Chomsky a formulé une condition générale sur les transformations (1973:236),selon laquelle les termes de l'analyse structurale d'une transformation sont soit des unités morphologiques ou sémantiques,soit des variables[5],et

---

[4] Kayne fait remarquer à juste titre (1973:24) que T-PERMUTATION DE LONGUEUR,dont l'effet est de permuter deux noeuds syntagmatiques adjacents,semble appartenir à une classe de transformations restreinte qui, malgré le fait que leur application ne se limite pas aux propositions matrices,ne sont pas sujettes à la contrainte de conservation structurale.Elle n'appartient pas non plus à la classe des transformations de mouvements mineurs,étant donné que celles-ci ne s'appliquent pas à des noeuds syntagmatiques dans le sens de Emonds (1970).

Les exemples (44) et (45) suggèrent d'ailleurs que ce n'est peut-être pas T-PERMUTATION DE LONGUEUR qui est responsable de la dérivation de (30) et (32) à partir des structures sous-jacentes à (31) et (33) :

(44) *Pierre a raconté une histoire à sa soeur hier soir*

(45) *Pierre a raconté hier soir une histoire à sa soeur*

En effet,il n'y est pas question de permutation de deux noeuds *adjacents*.Il semble qu'il s'agit plutôt d'une règle qui antépose facultativement des compléments adverbiaux (cf. Ross 1967,Ruwet 1972:28).Nous laissons cette question en suspens,mais non sans avoir fait remarquer qu'une telle règle ne serait pas conservatrice non plus.

[5] "Each factor imposed by a transformation either is a morphological or semantic unit or corresponds to a variable in the structural condition of a transformation" (Chomsky 1973:236).

dans le cas des séquences (21) et (23) c'est visiblement une unité sémantique qui a été rompue.Dans la notation de Chomsky,la proximité sémantique entre le verbe et le complément avec lequel il forme une unité est exprimée au moyen d'une variable,qui est ajoutée à V et qui constitue avec V un seul terme de l'analyse structurale.Si donc certains locuteurs estiment acceptables les énoncés qui correspondent à (23), c'est qu'ils analysent la suite sous-jacente non pas comme dans (23'),mais comme dans (23") :

(23') A quelle heure - cette fille - changera d'avis
X Sn V Y

(23") A quelle heure - cette fille - changera - d'avis
X Sn V Y Z

Somme toute,il semble que la formule correcte de la transformation d'inversion du sujet nominal soit la suivante :

(46) T-INVERSION SUJET NOMINAL (INV.SUJ.NOM.)

$$\underset{\substack{[+K] \\ 1}}{W} - \underset{2}{Sn} - \underset{3}{X} - \underset{4}{V\ Y} - \underset{5}{Z} \xRightarrow{OP} 1,\emptyset,3,4+2,5$$

L'application de cette transformation doit être facultative (OP) afin de pouvoir engendrer des séquences de la forme QK 1b,telles que

(47) *Pourquoi ton fils a fait ça ?*

Etant donné la place qu'occupe le constituant K dans l'analyse structurale,T-INV.SUJ.NOM. est ordonnée après la transformation d'attraction du constituant K.

Nous terminerons notre examen de T-INV.SUJ.NOM. par deux remarques :

(a) La formule (46) autorise la dérivation des séquences (22),(48) et (49) bien que les énoncés correspondants ne soient pas toujours jugés tout à fait acceptables :

(22) *A quelle heure changera d'avis cette fille ?*

(48) *Quand deviendra célèbre ce comédien ?*

(49) *De quel oeil voit double ton ami ?*

Si nous les dérivons,c'est parce que Kayne (1973:12) pose que ces énoncés deviennent parfaitement acceptables si l'on augmente la longueur du Sn sujet des séquences correspondantes :

(50) *A quelle heure changera d'avis le prisonnier auquel la police est en train de faire subir des tortures inimaginables ?*

(51) *Quand deviendra célèbre le comédien que nous avons vu si bien jouer l'autre jour à la télévision ?*

(52) *De quel oeil voit double celui de tes amis qui a failli se tuer dans un accident de moto ?*

Mais si l'on préfère se ranger du côté des grammairiens qui condamnent explicitement de tels énoncés (cf. Chevalier e.a. 1971:92 ; Grevisse 1961:135 ; Wagner & Pinchon 1962:537),on peut sans peine bloquer la dérivation des séquences susmentionnées en ajoutant à (46) la condition que T-INV.SUJ.NOM. ne s'applique que lorsque Y = 0.

(b) Tous les auteurs sont d'accord pour dire que T-INV.SUJ. NOM. est obligatoire si le constituant K = *que*,et impossible si ce constituant = *pourquoi* :

(53)**Que Pierre a fait ?*

(54)**Que Pierre a-t-il fait ?*

(55) *Qu'a fait Pierre ?*

(56)**Pourquoi est partie sa femme ?*

(57) *Pourquoi sa femme est-elle partie ?*

Cependant,on aurait tort de vouloir bloquer la dérivation des séquences (53),(54) et (56) au moyen d'une condition supplémentaire à l'application de T-INV.SUJ.NOM. En effet,ce faisant on oublierait que *pourquoi* et *que* ne constituent que les cas limites de l'échelle d'acceptabilité qu'on peut établir en fonction du constituant K (voir la section 6.4.).Nous consacrerons une section spéciale (7.3.) au problème de l'incorporation de cette échelle dans la description grammaticale.

7.1.3. Inversion du sujet pronom clitique

Les problèmes que pose la formulation de la transformation d'inversion du pronom clitique sont d'une autre nature que ceux auxquels nous avons eu affaire dans la section 7.1.2. En effet,tous les auteurs sont d'accord pour dire que le sujet pronominal inversé doit être inséré immédiatement à droite de la première forme verbale,c'est-à-dire celle qui porte la marque temporelle.Mais tandis que T-INV.SUJ.NOM. consiste simplement en ceci qu'un constituant nominal est déplacé d'un endroit à l'autre,à première vue cela n'est pas possible dans le cas de l'inversion du sujet pronom clitique.C'est que cette transformation est responsable non seulement de la dérivation des constructions d'inversion simple (QON 4a et QK 7a),comme

(58) *(Depuis quand) est-elle malade ?*

mais aussi de celle des constructions d'inversion complexe (QON 5 et QK 8),comme

(59) *(Depuis quand) Marie est-elle malade ?*

Or,l'exemple (59) montre que le sujet nominal y est répété sous forme d'un pronom.C'est pourquoi,comme nous l'avons constaté dans la section 7.1.1.,Langacker (1965,1972) et Dubois & Dubois-Charlier (1970:208-221) proposent une dérivation en deux étapes : en premier lieu,le Sn sujet,qu'il soit nominal ou pronominal,est copié à droite de la première forme verbale ($\bar{V}$) ; puis,une différence est faite en fonction du type de sujet : si la copie du sujet est un nom,celui-ci est pronominalisé ; si,par contre,il s'agit d'un pronom clitique,le sujet original est effacé.Sous cette optique les séquences (58) et (59) seraient dérivées comme suit :

(58) (Depuis quand) elle est malade $\xrightarrow{\text{RED}}$ (Depuis quand) elle est elle malade $\xrightarrow{\text{EFFACEMENT SN RED}}$ *(Depuis quand) est-elle malade ?*

(59) (Depuis quand) Marie est malade $\xrightarrow{\text{RED}}$ (Depuis quand) Marie est Marie malade $\xrightarrow{\text{PRO}}$ *(Depuis quand) Marie est-elle malade ?*

Toutefois,cette analyse présente au moins les trois inconvénients suivants :

(a) La transformation de pronominalisation qui fonctionne lors de la dérivation de (59) n'est pas justifiée indépendamment.En effet,elle n'est pas identique à celle qui permet d'engendrer :

(60) *Marie*$_i$ *croit qu'elle*$_i$ *est malade*

(61) *Marie*$_i$ *est malade et elle*$_i$ *croit qu'elle ne guérira pas de sitôt*

Ces exemples montrent que, contrairement à ce qui se passe dans (59), T-PRO, normalement, pronominalise un Sn qui n'est pas dominé par le même noeud P que le Sn avec lequel il est coréférentiel (cf. Langacker 1969)[6]. De plus, comme le note Kayne (1973:30-1), des Sn comme *cela*, *ce que je dis* et *tout* ne sont pas des coréférents possibles du pronom *il*, bien qu'ils entrent dans la construction d'inversion complexe :

(62) **Cela*$_i$ *est faux parce qu'il*$_i$ *ne correspond pas à la vérité*

(63) *Pourquoi cela est-il faux ?*

(64) **Ce qu'elle dit*$_i$ *ne nous intéresse pas et il*$_i$ *ne m'intéresse pas, moi non plus*

(65) *Pourquoi ce que je te dis te déplaît-il ?*

(66) **Tout*$_i$ *est en ordre aujourd'hui, mais demain il*$_i$ *sera en désordre*

(67) *Depuis quand tout est-il en ordre ?*

(b) Kayne (1973:32-4) fait remarquer à juste titre à propos de la séquence

(68) *Pourquoi Jean et moi ne devrait-on pas partir tout de suite ?*

où le verbe s'accorde en personne et en nombre avec *on* et non pas avec *Jean et moi*, que l'analyse de Langacker nous obligerait à compliquer considérablement la transformation qui régit l'accord entre le sujet et le verbe. En effet, normalement, le verbe s'accorde avec le Sn qui le précède, mais dans le cas de (68) cela n'est pas possible, puisque, selon Langacker, *on* ne précède le verbe à aucun moment.

(c) Si les constructions d'inversion simple (QON 4a et QK 7a) et celles d'inversion complexe (QON 5 et QK 8) sont engendrées au moyen d'une seule et même transformation - et tous les auteurs sont d'avis que cela est souhaitable - l'analyse de Langacker nous obligerait à traiter

---

[6] Si deux Sn coréférentiels sont dominés par le même noeud P, c'est en principe la transformation de réflexivation qui s'applique (cf. Postal 1971).

les sujets pronoms clitiques comme des Sn,étant donné que c'est le Sn qui est rédupliqué.Or,il sera démontré plus bas qu'en réalité ces pronoms ne sont pas des Sn, mais bien plutôt des éléments dominés par Aux[7].

Les problèmes susmentionnés disparaissent si les pronoms clitiques sont engendrés directement dans la base,comme le proposent Hirschbühler (1971) et Kayne (1973).Dans ces conditions,la structure sous-jacente à la séquence (59)

(59) *(Depuis quand) Marie est-elle malade ?*

est la suivante :

(59') (Depuis quand) Marie elle est malade

Une telle structure peut d'ailleurs être justifiée indépendamment du fait qu'elle sous-tend également des séquences comme

(69) *Ton papa il boit beaucoup ?*

qui ne sont pas des exemples de dislocation (voir section 6.2.).Mais tandis que Kayne fait provenir les sujets pronoms clitiques du constituant Sn (règles 70),Hirschbühler les fait remonter à Aux (règle 71) :

(70) Sn ——> Sn' + Pcl

Sn' ——> Déterminant + N ... (Kayne 1973:131)

(71) Aux ——> Pcl + Tps (Hirschbühler 1971:30)[8].

La seconde analyse est bien préférable à la première,parce qu'en fait la seule fonction du sujet pronom clitique est de servir d'indicateur de personne,fonction qui dans d'autres langues romanes comme l'espagnol,l'italien et le roumain,est remplie par la désinence du verbe.Citons à l'appui de cette affirmation Le Bidois & Le Bidois (1968,I:126) : "*Séparés*,ces (...)[pronoms personnels] ne le sont réellement,au moins en phrase affirmative,que par l'écriture,et

---

[7] A ces inconvénients spécifiques de la description de Langacker s'ajoute le fait qu'il est probablement préférable,dans le cadre de la théorie standard étendue,d'interdire toute transformation de pronominalisation.Mais un examen des arguments qui ont été avancés à l'appui de cette thèse nous amènerait trop loin (voir Bresnan 1970,Dougherty 1969, Kayne 1971 et Kuroda 1971).

[8] Dans le cadre de l'analyse de Hirschbühler (1971) l'accord entre le Pcl et le Sn sujet - si sujet il y a - est réalisé au moyen d'une transformation que nous ne prendrons pas en considération.

pour les yeux seulement.De fait,la langue parlée les unit au verbe d'une façon si intime qu'ils font corps avec lui et en sont comme une pré-flexion.Devenus complètement atones,(ils ne l'étaient pas à l'origine),il semble bien qu'ils soient là,tout autant que des mots distincts,des flexions verbales avancées.Etroitement appliqués au verbe (en phrase affirmative),ce sont de vrais proclitiques.En phrase interrogative, ils peuvent suivre le verbe.Comme dans ce cas encore ils restent atones,ils s'assimilent à des enclitiques".Hirschbühler (1971:30) souligne le lien étroit qui existe entre les sujets pronoms clitiques et le verbe en précisant que

- à l'exception de *ne* et des pronoms clitiques objets aucun élément ne peut être placé entre le pronom clitique sujet et le verbe ;
- contrairement aux Sn,les pronoms clitiques sujets ne peuêtre coordonnés ni entre eux,ni avec un Sn :

  (72)**Il et elle t'appellent*

  (73)**Pierre et elle t'appellent*
- les pronoms clitiques sujets font la liaison avec le verbe,alors que les Sn ne la font pas :

  (73a) /ilzariv/ *(Ils arrivent)*

  (73b) /mézami ariv/ *(Mes amis arrivent)*

Ajoutons que par rapport à l'analyse de Kayne,celle de Hirschbühler permet de faire l'économie de deux transformations.C'est que pour dériver la séquence

(74) *Ils sont partis ?*

Kayne (1973:132-3) procède comme suit : sur la structure sous-jacente

(74') $(_{Sn}$ eux $(_{Pcl}$ ils)) sont partis

agit d'abord une transformation qui a pour effet de supprimer la forme forte du pronom.Il en résulte la suite

(74") $(_{Sn}$ Ø $(_{Pcl}$ ils)) sont partis

Dans les cas où la transformation d'inversion du sujet pronom clitique,dont l'application est facultative,n'est pas appliquée,une transformation spéciale (cf. Kayne 1973:133) réalise l'adjonction du pronom clitique au verbe fléchi. Cette règle transforme (74") en

(74''') $(_{Sn}\ \emptyset)(_{Aux}\ (_{Pcl}$ ils)) sont partis

Il est clair que si les pronoms clitiques sont engendrés directement à partir du noeud Aux,on peut se passer aussi bien de la transformation qui supprime la forme forte du pronom que de celle qui adjoint le pronom au verbe fléchi.Par conséquent,la structure profonde de la séquence (74) est globalement égale à (74''') et non pas à (74').

Il semble donc que les structures auxquelles s'applique la transformation d'inversion du sujet pronom clitique pour donner (58) et (59) soient les suivantes :

(58) *(Depuis quand) est-elle malade ?*

(58') (Depuis quand)$(_{Aux}\ (_{Pcl}$ elle)) est malade

(59) *(Depuis quand) Marie est-elle malade ?*

(59') (Depuis quand)$(_{Sn}$ Marie)$(_{Aux}\ (_{Pcl}$ elle)) est malade

Signalons cependant que le pronom clitique sujet *ce* doit être engendré d'une autre manière.En effet,*ce* présente des particularités :

- sa distribution est très limitée (il se combine essentiellement avec le verbe *être*)
- contrairement à *il*,*ce* se rencontre seulement dans la construction d'inversion simple

(75) *Est-ce vrai ?*

(76)**Cela est-ce vrai ?*[9]

(63) *Pourquoi cela est-il faux ?*

Afin de pouvoir rendre compte de ces faits,Kayne avance une solution qui peut être résumée comme suit[10] : comme les formes *ce* et *ça* entrent en distribution complémentaire,Kayne suppose que les deux formes sont des réalisations d'un élément sous-jacent Ç,qui est introduit comme un Sn.Il postule alors une transformation dont l'effet est de clitiser Ç lorsque cet élément est suivi du verbe *être*.Cette transformation est ordonnée avant celle de l'inversion du sujet pronom clitique.Si nous supposons que les autres pronoms cliti-

---

[9] Il ne faut pas confondre (76) avec (76a) qui est un exemple de dislocation :

(76a) *Cela,est-ce vrai ?*

[10] Pour plus de détails,voir Kayne (1973:135-9).

ques sont engendrés à partir de Aux,cette règle peut être formulée comme suit :

(77) T-CLITICISATION Ç (T-CL.Ç)

$$({}_{Sn}\ \text{Ç}) - ({}_{Pcl}\ \Delta) - X - \textit{être} \overset{OB}{\Longrightarrow} \emptyset, \textit{ce}, 3, 4$$
$$\quad 1 \qquad\quad 2 \qquad\quad 3 \qquad 4$$

Si,pour une raison ou pour une autre,T-CL.Ç ne peut pas s'appliquer,l'élément Ç sera réalisé généralement comme *ça* (pour les exceptions,voir Kayne 1973:137).

Passons maintenant à l'examen des conditions d'application de la transformation d'inversion du sujet pronom clitique.Le fait que cette transformation ne s'applique pas dans les propositions enchâssées suggère qu'elle pourrait être radicale dans le sens de Emonds (1970).Mais une application stricte de la théorie de Emonds nous forcerait à accrocher le sujet pronom clitique inversé au noeud P,étant donné "qu'un noeud syntagmatique X dans un arbre T ne peut être déplacé,copié ou inséré dans une position nouvelle de T (...),que si au moins l'une des deux conditions suivantes est satisfaite : (a) dans sa nouvelle position dans T,X est immédiatement dominé par le P le plus haut (une transformation qui a cet effet est une transformation 'radicale'); (b)(...)" (Emonds 1972:22).Or,cela ne semble pas être possible dans le cas présent,à moins d'admettre qu'il n'y a pas de noeud Sv en français[11].Comme nous ne sommes pas en mesure d'entrevoir les conséquences d'une telle décision, nous laissons cette question en suspens.La transformation d'inversion du sujet pronom clitique doit être facultative afin de pouvoir engendrer les QON 1a et les QK 1a,telles que

(74) *Ils sont partis ?*

(78) *Depuis quand tu es ici ?*

Notons finalement que si la présence d'un constituant K n'est pas une condition nécessaire à l'application de cette transformation (exemple 74),la place d'un tel constituant joue néanmoins un rôle,comme le prouvent les séquences sui-

---

[11] Dire qu'il n'existe pas de noeud Sv en français revient à poser que ce noeud ne joue de rôle dans aucune des règles de la grammaire.

vantes :

(79) *Tu habites où ?*

(80)**Habites-tu où ?*

(81) *Où tu habites ?*

(82) *Où habites-tu ?*

C'est pourquoi la formulation adéquate de la transformation d'inversion du sujet pronom clitique nous semble devoir être la suivante :

(83) T-INVERSION SUJET PRONOM CLITIQUE (INV.SUJ.PCL.)

$$\underset{1}{\underset{[+Q]}{X}} - \underset{2}{Pcl} - \underset{3}{\bar{V}} - \underset{4}{\underset{[-K]}{Y}} \quad \overset{OP}{\Longrightarrow} \quad 1, \emptyset, 3+2, 4$$

Cette formule n'empêche pas la dérivation de la séquence

(54)**Que Pierre a-t-il fait ?*

mais nous répétons qu'on aurait tort de vouloir exclure (54) sans prendre en considération le fait que le mot *que* est seulement un cas limite sur l'échelle d'acceptabilité qui peut être établie en fonction du mot K (voir les sections 6.4. et 7.3.).

Reconsidérons maintenant la structure sous-jacente à la séquence

(59) *(Depuis quand) Marie est-elle malade ?*

(59') (Depuis quand)$(_{Sn}$ Marie)$(_{Aux}$ $(_{Pcl}$ elle)) est malade

et supposons que T-INV.SUJ.PCL. n'ait pas été appliquée.On obtiendrait alors les séquences

(59-2) *Marie elle est malade ?*

(59-3) *Depuis quand Marie elle est malade ?*

mais une simple phrase comme

(59-4) *Marie est malade ?*

ne serait pas dérivable,du fait que les règles syntagmatiques engendrent automatiquement des pronoms clitiques.La transformation de suppression du pronom clitique,dont l'application n'est pas limitée aux seules constructions interrogatives,permet de remédier à ce défaut (voir Hirschbühler 1971:33 et Kayne 1973:132).Cette transformation facultative a pour effet de supprimer les pronoms clitiques qui n'ont pas été déplacés par T-INV.SUJ.PCL. et qui,à ce stade de la dérivation,sont toujours précédés du Sn avec lequel ils s'accordent.Elle peut être formulée comme suit :

(84) T-SUPPRESSION SUJET PRONOM CLITIQUE (SUP.SUJ.PCL.)

$$\begin{array}{ccccccc} X & - & Sn & - & Pcl & - & Y \\ 1 & & 2 & & 3 & & 4 \end{array} \xRightarrow{OP} 1,2,\emptyset,4$$

Il ne nous reste plus qu'à nous prononcer sur l'ordre d'application des deux transformations d'inversion.Supposons,pour commencer,que T-INV.SUJ.NOM. précède T-INV.SUJ. PCL. Dans ces conditions,les séquences suivantes pourraient être dérivées à partir de la structure sous-jacente

(85') A quelle heure ($_{Sn}$ le concert)($_{Aux}$ ($_{Pcl}$ il) s'est) terminé hier soir

(85-1)**A quelle heure il s'est terminé le concert hier soir ?* (T-INV.SUJ.NOM. a été appliquée,T-INV.SUJ. PCL. n'a pas été appliquée,l'application de T-SUP. SUJ.PCL. est impossible)

(85-2)**A quelle heure s'est-il terminé le concert hier soir ?* (T-INV.SUJ.NOM. a été appliquée de même que T-INV.SUJ.PCL.,l'application de T-SUP.SUJ.PCL. étant de nouveau impossible)

(85-3) *A quelle heure le concert s'est-il terminé hier soir ?* (Seule T-INV.SUJ.PCL. a été appliquée)

(85-4) *A quelle heure le concert il s'est terminé hier soir ?*[12](Aucune des transformations nommées n'a été appliquée)

(85-5) *A quelle heure le concert s'est terminé hier soir ?* (La seule transformation à avoir été appliquée est T-SUP.SUJ.PCL.)

Et,chose curieuse,la séquence (85-6) n'est pas dérivable :

(85-6) *A quelle heure s'est terminé le concert hier soir ?*

En effet,une fois que T-INV.SUJ.NOM. a été appliquée,la suite qui en résulte ne correspond plus à l'analyse structurale de T-SUP.SUJ.PCL.

Un résultat bien plus satisfaisant peut être obtenu si

[12] Les énoncés de cette séquence ne sont pas jugés acceptables en français soutenu.Nous y reviendrons dans la section 7.2.

T-INV.SUJ.NOM. est ordonnée après toutes les transformations dont il a été question jusqu'ici.Dans ce cas non seulement (85-6) est engendrée normalement,mais en outre la dérivation de (85-1) et de (85-2) peut être bloquée simplement,si l'on précise que T-INV.SUJ.NOM. ne s'applique que lorsque le sujet pronom clitique a été effacé auparavant.La formule définitive que nous proposons pour cette transformation est donc la suivante :

(86) T-INVERSION SUJET NOMINAL (INV.SUJ.NOM.)

W	- Sn -	X	- V Y -	Z	$\overset{OP}{\Longrightarrow}$ 1,∅,3,4+2,5
[+K]		[-Pcl]			
1	2	3	4	5	

7.1.4. Attraction du constituant K

L'on sait que le but principal des études de Ross (1967), Emonds (1970),Postal (1971) et de Chomsky (1973) était de déterminer les contraintes auxquelles doivent être soumises les transformations de déplacement.Or,en ce qui concerne la transformation d'attraction du constituant K,la définition de ces contraintes est encore plus importante que pour les transformations d'inversion du sujet dont il a été question dans les sections précédentes,étant donné que celles-ci ne 'montent' jamais le constituant auquel elles s'appliquent d'une proposition à l'autre,tandis que c'est précisément ce qui se passe dans le cas de la transformation qui déplace le constituant K à gauche.En effet,en utilisant cette règle trois fois,c'est-à-dire dans trois cycles successifs - et en appliquant T-INV.SUJ.NOM. dans la proposition matrice - on obtient la séquence (87) à partir de la structure sous-jacente (87') :

(87') ($_P$ Marie affirme ($_P$ Pierre croit ($_P$ le concert s'est terminé à quelle heure)))

(87) *A quelle heure affirme Marie que Pierre croit que le concert s'est terminé ?*

La même règle sert à dériver des relatives comme (88) et (89) et des exclamatives comme (90) :

(88') ($_P$ J'ai vu l'homme$_i$ ($_P$ Pierre croit ($_P$ sa femme fréquente l'homme$_i$)))

(88) *J'ai vu l'homme que Pierre croit que sa femme fréquente*

(89') ($_P$ J'ai vu la femme$_i$ ($_P$ Marie croit de la femme$_i$ ($_P$ son mari fréquente la femme$_i$)))

(89) *J'ai vu la femme dont Marie croit que son mari la fréquente* (cp. Huot 1974)

(90') ($_P$ Tu ne m'as pas dit ($_P$ tu connaissais combien de personnes))

(90) *Combien de personnes ne m'as-tu pas dit que tu connaissais !* (Millner 1974:86)

Un tel déplacement à gauche est exceptionnel,car,en principe,aucune règle ne devrait pouvoir concerner X et Y dans la structure suivante :

(91) ... X ... ($_A$ ... Z ... - WYV ...) ...
si A est une proposition comportant le noeud Tps (temps) ou si Z est le sujet spécifié (c'est-à-dire un Sn et non pas un Pcl) de WYV dans A (Chomsky 1973:238-9).

L'exception peut être expliquée en termes du principe de la substitution du complémentiseur,défini par Baker/Bresnan (cf.,par exemple,Bresnan 1970),selon lequel un constituant peut être remonté de complémentiseur en complémentiseur dans toute langue où ce complémentiseur est le terme initial de la proposition.Dans cette hypothèse,qui est adoptée également par Chomsky (1973:237),les premières règles syntagmatiques de la grammaire d'une telle langue sont les suivantes :

(92) P ——> Comp P'
Comp ——> (Pr) Sn $\pm$Q (Pr = préposition)
P' ——> Sn Aux Sv

Il convient de préciser que
- aucun item lexical n'est inséré dans Comp par des règles syntagmatiques ; autrement dit,la suite terminale dominée par Comp dans la base est nulle ;
- [+Q] est la marque de l'interrogation et de l'exclamation,

[-Q] celle des relatives[13] ;

- le Sn,ou le Pr Sn,de Comp peut être remplacé par le constituant K des interrogatives,exclamatives et des relatives au moyen de la transformation d'attraction du constituant K ;
- si un Comp [-Q] n'est pas rempli par un constituant K à la fin de la dérivation,il est réalisé en *que* si l'auxiliaire comporte l'élément Tps.

En appliquant les règles (92),l'on obtient l'indicateur syntagmatique suivant,qui correspond à la structure profonde de la séquence (87) :

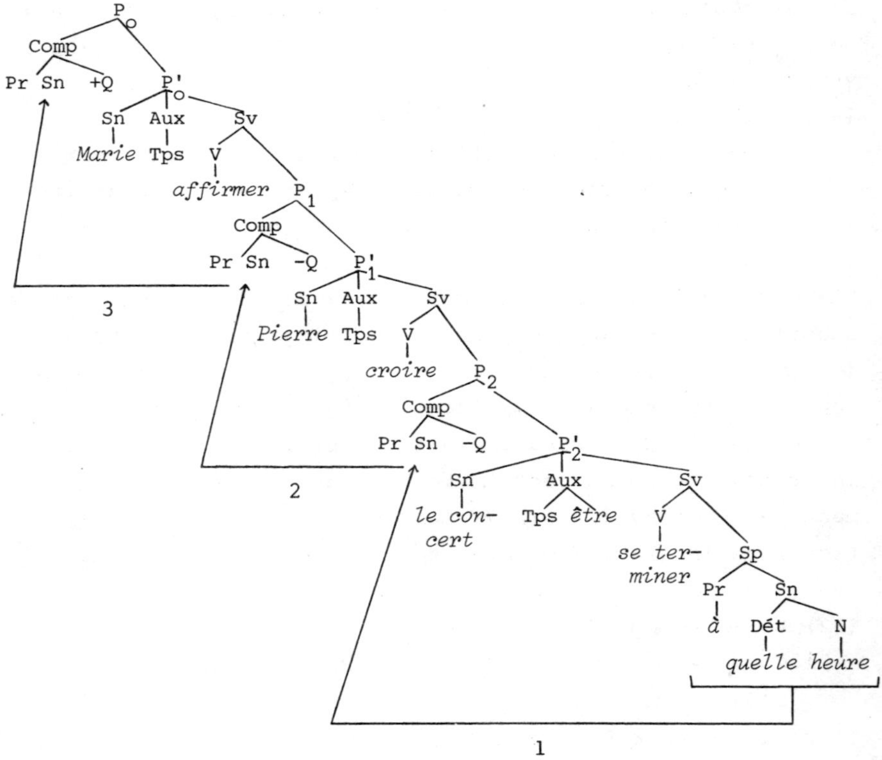

Les flèches numérotées montrent comment le constituant K est

[13] Millner (1974) prouve en effet que les exclamatives sont apparentées aux interrogatives.Pour une étude des relatives en français,dans le cadre de la théorie de Chomsky (1973),voir Huot (1974).

remonté de Comp en Comp, après avoir été placé dans le Comp le plus bas au cycle inférieur.

Le fait que les énoncés correspondant aux séquences (93) et (94) sont jugés inacceptables

(93)**Marie affirme à quelle heure Pierre croit que le concert s'est terminé ?*

(94)**Marie affirme que Pierre croit à quelle heure le concert s'est terminé ?*

pourrait faire croire que l'application de la transformation d'attraction du constituant K est obligatoire. Mais cela n'est pas souhaitable, parce que nous aimerions pouvoir engendrer des QK 6 comme

(95) *Ça coûte combien ?*

Heureusement les séquences (93) et (94) sont bloquées automatiquement, étant donné qu'un Comp [-Q] rempli d'un constituant K n'est interprétable que comme une relative. Cela implique que la proposition introduite par un tel Comp doit être dominée immédiatement par un Sn : $(_{Sn}$ Sn P) (voir Chomsky 1973:276,281 sv.), ce qui n'est pas vrai pour (93) et (94), puisqu'il n'y a pas d'antécédent. L'application de la transformation d'attraction du constituant K semble donc bien être facultative. Toutefois, il existe des verbes dont la spécification lexicale ne comporte pas le trait $[(_{Comp}$ -Q)] comme dans le cas de *affirmer* et de *croire*, mais le trait $[(_{Comp}$ +Q)] ou $[(_{Comp}$ $\pm$Q)], par exemple les verbes introduisant les questions indirectes, tels que *se demander* (+Q), *ne pas savoir* ($\pm$Q), etc. Les exemples suivants montrent qu'avec ces verbes la transformation d'attraction du constituant K n'est pas facultative, mais obligatoire :

(96) *Il se demande à quelle heure le concert s'est terminé*

(97)**Il se demande si le concert s'est terminé à quelle heure*

(98) *Je ne sais pas où sont passées mes cigarettes*

(99)**Je ne sais pas si mes cigarettes sont passées où*

Pour Chomsky les séquences (97) et (99) ne posent pas de problèmes, parce que, tout comme Kayne (1973:140-2), il fait abstraction de ce qu'il appelle les questions-écho, c'est-à-dire les QK 6. Cela fait qu'il peut considérer comme ininterprétable tout Comp [+Q] non rempli par un constituant K (1973:277).Etant donné que nous tenons à pouvoir engendrer ces QK 6,nous devons chercher ailleurs.Une solution se dessine si l'on admet avec Huot (1974:47) que lorsqu'un Comp [+Q] n'est pas rempli par un constituant K,il se réalise en *si*[14],parallèlement avec ce qui se passe pour un Comp [-Q] non rempli,qui se réalise en *que*.En effet,dans ces conditions,on peut poser qu'une séquence comportant un Comp [+Q] rempli par *si*,ou par un constituant K,n'est interprétable que si la proposition introduite par ce Comp ne contient pas de constituant K elle-même.Cette condition pourrait être formalisée comme suit :

(100) $(_P\ (_{Comp}\ X{\neq}0,+Q)\ Y\ K\ Z) \Longrightarrow *$

De cette façon la dérivation des séquences (97) et (99) est bloquée.Il faut faire remarquer que le filtre de surface (100) est justifié indépendamment,puisque de toute manière il est nécessaire au blocage des séquences comportant plusieurs constituants K,dont un seul a été placé dans Comp :

(101)**Où Jean a-t-il acheté quel livre quand ?*

(102)**Qui est allé à quelle heure où ?*[15]

Nous sommes maintenant en état de formuler la transformation d'attraction du constituant K :

(103) T-ATTRACTION CONSTITUANT K (ATTR.K)

$$(_{Comp}\ (Pr)Sn\ -\ \underline{+}Q)\ -\ X\ -\ (Pr)(_{Sn}\ K{+}Y)\ -\ Z \quad \overset{OP}{\Longrightarrow}$$

$$\quad\quad 1 \quad\quad 2 \quad\quad 3 \quad\quad 4 \quad\quad 5$$

$$4,2,3,PRO,5$$

(les parenthèses non étiquetées indiquent que le constituant qui est marqué de la sorte est facultatif)

---

[14] Voir aussi Kayne (1973:21-2)

[15] Behnstedt (1973) ne mentionne aucun énoncé correspondant à des séquences du type (101),(102),et c'est pourquoi nous tenons à en bloquer la dérivation.Toutefois,il est clair que si Dubois & Dubois-Charlier (1970:220) ont raison lorsqu'ils affirment qu'en langue familière les énoncés des séquences suivantes se rencontrent

(102a) *Qui a vu qui ?*

(102b) *Qui viendra quand ?*

le filtre (100) n'est guère utilisable.Dans ces conditions,on pourrait bloquer les séquences (97) et (99),tout en engendrant (101) à (102b),en précisant que T-ATTR.K s'applique obligatoirement dans les propositions enchâssées et facultativement dans les propositions matrices (cp. Meisel (1973:98).

T-ATTR.K est conservatrice dans le sens de Emonds (1970).La trace PRO,qui est laissée par cette transformation continue à être contrôlée par le constituant déplacé et est éventuellement effacée en fin de cycle (cf. Chomsky 1973:267 et 269). Il est inutile de préciser que le quatrième terme de la règle (103) doit être dominé par le même noeud P que le Comp dans lequel il est placé,puisqu'une condition générale empêche l'application d'une règle portant sur une catégorie qui est dominée par un noeud cyclique A,si,en réalité,cette règle concerne seulement une sous-catégorie de A,dominée par le noeud B,qui lui aussi est cyclique ("strict cycle condition",Chomsky 1973:243).Les formulations des règles d'inversion du sujet,(83)(p.96) et (86)(p.98),impliquent que T-ATTR. K doit précéder ces deux règles.

Faisons remarquer finalement que,conformément aux propositions de Dubois & Dubois-Charlier (1970:212-220),Katz & Postal (1964:91-3),Langacker (1966:149-209) et de Meisel (1973:89),nous dérivons les constituants K dans la base,en combinant le déterminant indéfini - qui se réécrit comme K + Qq (abréviation de *quel*) - soit avec un nom,soit avec une proforme du nom.Le schéma suivant illustre ce processus :

(104) (i) ($_{Sp}$ ($_{Pr}$ *à*)($_{Sn}$ ($_{Dét}$ K+Qq)($_{N}$ *heure*))) = *à quelle heure*

(ii) ($_{Sn}$ ($_{Dét}$ K+Qq)($_{N}$ +PRO,+[humain])) = *qui*

(iii) ($_{Sp}$ ($_{Pr}$ *de*)($_{Sn}$ ($_{Dét}$ K+Qq)($_{N}$ +PRO,+[manière]))) = *comment*

7.1.5. *Est-ce que*

Nous avons vu dans la section 7.1.1. que Langacker (1966: 73-7,142-3) propose de dériver les séquences (4) et (5) à partir des structures sous-jacentes (4') et (5') :

(4') Ce ($_{P}$ que Pierre prend le café à midi) est

(4) *Est-ce que Pierre prend le café à midi ?*

(5') Ce ($_{P}$ que le gouvernement se réunit à quelle heure) est à quelle heure

(5) *A quelle heure est-ce que le gouvernement se réunit ?*

L'avantage incontestable de cette analyse est que les séquences construites avec *est-ce que* (QON 2 et QK 3) sont engendrées sans qu'il soit nécessaire de postuler des règles supplémentaires.De plus,les séquences

(105)**Est-ce que Pierre prend-il le café à midi ?*

(106)**A quelle heure est-ce que le gouvernement se réunit-il ?*

sont exclues automatiquement du fait que T-INV.SUJ.PCL. ne s'applique qu'aux propositions matrices (voir section 7.1.3.).

Il faut reconnaître cependant que cette façon de dériver les QON 2 et les QK 3 présente aussi des inconvénients. En effet,la description de Langacker ne permet pas de rendre compte des faits suivants :

(a) Zwanenburg (1975),qui du reste se déclare d'accord avec l'analyse de Langacker,admet qu'il est peu satisfaisant de devoir dériver les "deux phrases de sens identiques" que sont (107) et (108) à partir de structures profondes différentes :

(107) *Est-ce que Pierre voit Paul ?*

(108) *Pierre voit-il Paul ?*

Bien qu'on puisse avoir des doutes sur la question de savoir si (107) et (108) sont tout à fait synonymes[16], il est certain qu'étant donné les séquences suivantes :

(4) *Est-ce que Pierre prend le café à midi ?*

(109) *C'est que Pierre prend le café à midi*

(110) *Pierre prend le café à midi*

un Français à qui l'on demanderait de formuler un énoncé affirmatif qui corresponde à (4),prononcerait toujours un énoncé de (110),et jamais un énoncé de (109).Pourtant cela eût été normal dans le cadre d'une analyse comme celle de Langacker,où (4) et (109) sont dérivées à partir de la même structure profonde (voir la remarque de Langacker (1972:59) lui-même à ce sujet).

(b) Il est pour le moins curieux que T-INV.SUJ.PCL.,dont

---

[16] Foulet (1921:298-9) et Guiraud (1965:47) estiment que la formule *est-ce que* n'a plus de valeur emphatique,mais Le Bidoïs (1952:57),Doppagne (1966:163) et Behnstedt (1973:189),à qui nous empruntons ces références,sont d'avis qu'elle conserve une valeur d'intensité affective.

l'application est en principe facultative,s'applique obligatoirement si la suite à analyser est

(112) Ce être X ($_P$ Y)

et que X = 0.Pour s'en convaincre,il suffit d'examiner les séquences suivantes :

(113) *C'est vrai que Marie n'aime personne ?*

(114) *C'est à midi que Pierre prend le café ?*

(115)**C'est qu'il vient plus tard ?*

(116) *Est-ce vrai que Marie n'aime personne ?*

(117) *Est-ce à midi que Pierre prend le café ?*

(118) *Est-ce qu'il vient plus tard ?*

(c) La remarque (b) suggère que la flexibilité syntaxique des séquences formées avec *est-ce que* est réduite.Cette impression est confirmée par le fait que les temps autres que le présent de l'indicatif ne se rencontrent ni dans les QON,ni dans les QK :

(119)**Sera-ce qu'il sera malade ?*

(120)**Qu'était-ce qu'il voulait ?* (cf.Langacker 1972:53)

(d) Huddleston & Uren (1969:16) signalent que la séquence

(121) *Qui est-ce qu'il a vu ?*

peut être interprétée de deux façons : dans un sens (121) est synonyme de la séquence clivée

(122) *Qui c'est qu'il a vu ?*

mais (121) a également un sens neutre,sans nuance d'intensité aucune (voir aussi Behnstedt 1973:200-3).L'analyse de Langacker rend compte de la première interprétation,puisque (121) et (122) proviennent de la même structure profonde,mais pas de la seconde interprétation.

Les faits susmentionnés portent à croire que,dans les QON, *est-ce que* fonctionne toujours et exclusivement comme particule interrogative.Par contre,dans les QK comme (121),la suite

(123) K *est-ce que* X

est ambigüe : d'une part elle constitue l'une des trois formes interrogatives possibles qui correspondent aux phrases clivées,les deux autres étant

(124) K *c'est que* X (exemple 122) et

(125) *c'est* K *que* X (exemple 126)

(126) *C'est qui qu'il a vu ?*

mais,d'autre part,elle peut être analysée comme une phrase simple,construite avec la particule *est-ce que*.

Par conséquent,il est utile d'examiner les mérites de deux analyses qui rendent pleinement justice au caractère figé de l'expression *est-ce que*.

La première a été suggérée par Huot (1974:47,note 4). Elle consiste à traiter *est-ce que* comme l'une des deux réalisations possibles d'un complémentiseur [+Q] non rempli par un constituant K.Si l'on considère cette proposition conjointement avec celles que nous avons exposées dans la section précédente,l'on constate qu'il y a maintenant six possibilités de réalisation du constituant Comp :

- dans une proposition matrice un Comp [-Q] resté vide ne se réalise pas ;
- dans une proposition enchâssée un Comp [-Q] resté vide se réalise en *que* ;
- un Comp [-Q] rempli par un constituant K est interprétable seulement s'il introduit une relative ;
- un Comp [+Q] rempli par un constituant K introduit une question K,ou,dans certains cas (cf. Millner 1974),une proposition exclamative ;
- un Comp [+Q] resté vide est réalisé facultativement en *est-ce que* s'il s'agit d'une proposition matrice ;
- un Comp [+Q] resté vide se réalise en *si* dans une proposition enchâssée.

Les exemples suivants illustrent ces six possibilités :

(127') $(_{P}$ $(_{Comp}$ -Q) Pierre il pense $(_{P}$ $(_{Comp}$ -Q) Paul il est malade)) ⟹

(127) *Pierre pense que Paul est malade*

(128') $(_{P}$ $(_{Comp}$ -Q) Pierre il voit $(_{Sn}$ le garçon $(_{P}$ $(_{Comp}$ le garçon -Q) les élèves ils détestent PRO))) ⟹

(128) *Pierre voit le garçon que les élèves détestent*

(129') $(_{P}$ $(_{Comp}$ à quelle heure +Q) Jeanne elle se lève PRO) ⟹

(129-1) *A quelle heure Jeanne se lève ?*

(129-2) *A quelle heure Jeanne se lève-t-elle ?*

(129-3) *A quelle heure se leve Jeanne ?*

(130') ($_P$ ($_{Comp}$ +Q) Pierre il prend le café à midi) ==>

(130-1) *Est-ce que Pierre prend le café à midi ?*

(130-2) *Pierre prend le café à midi ?*

(130-3) *Pierre prend-il le café à midi ?*

(131') ($_P$ ($_{Comp}$ -Q) Marie elle se demande ($_P$ ($_{Comp}$ +Q) Pierre il rentrera bientôt)) ==>

(131) *Marie se demande si Pierre rentrera bientôt*

En comparant la description ainsi obtenue avec celle de Langacker,nous constatons que :

- les séquences (107) et (108) sont dérivées maintenant à partir d'une seule et même structure profonde :

  (107-8') ($_P$ ($_{Comp}$ +Q) Pierre il voit Paul) ==>

  (107) *Est-ce que Pierre voit Paul ?*

  (108) *Pierre voit-il Paul ?*

- en principe la séquence (118) n'est plus engendrée à partir d'une structure profonde qui sous-tendrait également (115) :

  (118) *Est-ce qu'il vient plus tard ?*

  (115)**C'est qu'il vient plus tard ?*

  Toutefois,comme la dérivation de (115) n'est pas bloquée automatiquement dans l'analyse de Huot,il faut restreindre de façon probablement ad hoc T-INV.SUJ.PCL. pour éviter qu'à partir de la structure sous-jacente à (115) on obtienne encore une fois (118).

- la description de Huot permet d'expliquer l'inflexibilité syntaxique de *est-ce que* dans les QON,mais elle ne rend pas compte de l'inflexibilité dans les QK.C'est que,dans une QK,le complémentiseur [+Q] ne peut pas être réalisé en *est-ce que*,parce qu'il n'est pas vide.En effet,sauf dans le cas des QK 6[17],il est déjà rempli par le constituant K. Cela fait que dans le cadre de l'analyse de Huot,la structure profonde de la séquence (121) est nécessairement

---

[17] La seule exception est constituée par les QK 6,ce qui fait que dans cette analyse il est à première vue possible d'engendrer des séquences comme (132)**Est-ce que vous partez quand ?*
Mais en réalité de telles séquences sont bloquées automatiquement par le filtre de surface (100)(p.102).

(121") et non pas (121') :

(121) *Qui est-ce qu'il a vu ?*

(121') $(_P\ (_{Comp}\ +Q)$ il a vu qui)

(121") $(_P\ (_{Comp}\ +Q)$ ce $(_P\ (_{Comp}\ -Q)$ il a vu qui) est qui)

- comme, dans le cadre de l'analyse de Huot, (121') n'est pas une structure profonde possible pour (121), cette analyse ne permet pas de rendre compte de l'ambiguïté de cette séquence.

Si on ne prend en considération que les quatre points de critique qu'a soulevés l'analyse de Langacker, l'on voit déjà que la suggestion de Huot (1974) n'aboutit pas à une description bien meilleure. Mais il s'y ajoute qu'elle présente un très grave défaut qui n'est pas inhérent à l'analyse de Langacker. En effet, si l'on considère *est-ce que* comme une particule, les séquences suivantes ne contiennent plus de proposition enchâssée :

(4) *Est-ce que Pierre prend le café à midi ?*

(107) *Est-ce que Pierre voit Paul ?*

(118) *Est-ce qu'il vient plus tard ?*

Or, dans ces conditions, il est impossible d'expliquer l'inacceptabilité totale des énoncés qui correspondent aux séquences

(105) **Est-ce que Pierre prend-il le café à midi ?*

(133) **Est-ce que Pierre voit-il Paul ?*

(134) **Est-ce que vient-il plus tard ?*

car dans une proposition matrice T-INV.SUJ.PCL. s'applique librement. Il n'est pas du tout évident comment la dérivation des séquences (105), (133) et (134) pourrait être bloquée dans le cadre de l'analyse de Huot.

Nous pourrions essayer de suivre une autre voie en nous inspirant de Roulet (1969:149-150), qui propose une transformation d'insertion de la particule *est-ce que*. Cette transformation, qui s'appliquerait dans les QON aussi bien que dans les QK, pourrait être formulée comme suit :

(135) T-INSERTION *EST-CE QUE* (INS.ESK)

$$\underset{1}{(_P\ (_{Comp}\ X\ +Q)} - \underset{2}{\underset{[-K]}{Y}}\ )\ \xRightarrow{OP}\ 1, /\text{èsk}/ + 2$$

T-INS.ESK serait radicale dans le sens de Emonds (1970), les énoncés qui correspondent aux séquences suivantes étant inacceptables :

(136) **Je ne sais pas si est-ce qu'il est parti*

(137) **Je ne sais pas à quelle heure est-ce qu'il est parti*

Les avantages de cette solution par rapport à celle de Huot (1974) sont appréciables tant qu'on ne considère que les quatre remarques critiques qui ont été faites à propos de la description de Langacker. En effet

- une structure profonde unique peut être attribuée à (107) et (108) :

  (107) *Est-ce que Pierre voit Paul ?*

  (108) *Pierre voit-il Paul ?*

- T-INS.ESK rend compte de l'inflexibilité syntaxique de la formule *est-ce que* dans les QON et dans les QK ;
- la séquence (121) peut être dérivée comme il faut, c'est-à-dire à partir de deux structures profondes différentes :

  (121) *Qui est-ce qu'il a vu ?*

  (121') $(_{P}$ $(_{Comp}$ Sn +Q) il a vu $(_{Sn}$ $(_{Dét}$ K+Qq) $(_{N}$ +PRO,+[humain])))

  (121") $(_{P}$ $(_{Comp}$ Sn +Q) $(_{Sn}$ Ç $(_{P}$ $(_{Comp}$ Sn -Q) il a vu $(_{Sn}$ $(_{Dét}$ K+Qq) $(_{N}$ +PRO,+[humain]))) est $(_{Sn}$ $(_{Dét}$ K+Qq) $(_{N}$ +PRO,+[humain])))) [18]

Mais à ces avantages il convient d'opposer les inconvénients suivants :

- il n'y a pas de raisons indépendantes qui permettent de justifier la transformation d'insertion de *est-ce que*[19] ;
- pas plus que la description où *est-ce que* est traité comme

---

[18] Nous faisons abstraction de la question de savoir si l'analyse des phrases clivées de Langacker (1966:76-7,142-3) est tout à fait correcte. Pour une description comparable, voir Daems (1974).

[19] On pourrait objecter qu'il existe d'autres transformations qui insèrent de telles particules, par exemple T-*THERE* INSERTION en anglais, qui transforme (138') en (138) :
(138') $(_{P}$ a man be in the garden)
(138) *There is a man in the garden* (cf. Burt 1971)
Toutefois, Jenkins (1972) a avancé toute une série d'arguments dans le but de prouver qu'il est préférable d'engendrer *there* au niveau de la structure profonde.

complémentiseur,cette analyse ne permet d'expliquer pourquoi T-INV.SUJ.PCL. ne peut pas s'appliquer aux suites qui sous-tendent les séquences

(105)**Est-ce que Pierre prend-il le café à midi ?*

(133)**Est-ce que Pierre voit-il Paul ?*

(134)**Est-ce que vient-il plus tard ?*

- finalement,ici encore,il faudrait restreindre l'application de T-INV.SUJ.PCL. afin d'interdire la dérivation de (4) à partir de la structure qui est sous-jacente à (109):

(4) *Est-ce que Pierre prend le café à midi ?*

(109) *C'est que Pierre prend le café à midi*

Cette dérivation doit être bloquée pour empêcher qu'une séquence non ambigüe comme (4) puisse remonter à deux sources différentes.

Puisqu'aucune des deux analyses que nous venons d'examiner n'est pleinement satisfaisante,il nous reste à envisager une dernière possibilité : celle qui consisterait à conserver l'analyse de Langacker et à rendre compte des particularités syntaxiques de *c'est que/est-ce que* d'une autre manière.Cette solution pourrait paraître coûteuse,mais elle ne l'est pas en réalité,parce que les mécanismes qu'elle requiert peuvent être justifiés indépendamment.Rappelons,en effet,que la composante morphologique que nous avons décrite dans la section 3.4. de ce livre (voir en particulier la figure 5,p.33) comprend entre autres un filtre qui y a été incorporé afin de pouvoir rendre compte des exceptions aux règles de formation des unités lexicales.Il semble que rien ne nous empêche d'inclure dans ce filtre les unités phraséologiques qui ne se sont pas encore tout à fait figées. C'est même dans ce but que le filtre a été utilisé pour la première fois (cf. Weinreich 1967).Par conséquent,nous supposerons que les expressions devenues strictement inanalysables sont incluses dans le lexique ordinaire,mais que celles qui comme *c'est que/est-ce que* présentent encore des régularités intéressantes,constituent des entrées du mécanisme filtrant.En ce qui concerne *c'est que/est-ce que*,nous avons besoin de deux entrées,qui peuvent être formulées sous forme de règles :

(139) *Ce être*+Tps X *que* Y : - interprétable seulement lorsque Tps = présent ;
- si X = 0 ,interprétable seulement dans un sens causal ou emphatique (cf. Langacker 1972:57-9),mais pas dans un sens interrogatif.

(140) X *être*+Tps *ce que* Y : - interprétable seulement lorsque Tps = présent ;
- si X = 0 ,pas de mise en relief de Y en français moderne ;
- si X $\neq$ 0 ,Y n'est pas nécessairement mis en relief.

La règle (139) bloque l'interprétation de la séquence

(115)**C'est qu'il vient plus tard ?*

mais les séquences (113) et (114) 'passent' :

(113) *C'est vrai que Marie n'aime personne ?*

(114) *C'est à midi que Pierre prend le café ?*

La règle (140) rend compte

- de l'inflexibilité syntaxique des questions du type QON 2 et QK 3 ,
- du fait que dans les QON *est-ce que* ne semble plus avoir de valeur de mise en relief (voir cependant la note 16,p. 104) ,
- de l'ambiguïté des QK 3,qui consiste en ceci que des séquences comme

  (121) *Qui est-ce qu'il a vu ?*

  ont une interprétation emphatique et une interprétation non emphatique.

7.1.6. Réduction de *est-ce que*

Les types de questions qui ne se rencontrent qu'en français populaire,à savoir les QK 2 et 5 (exemples 141 et 142)[20] fournissent un argument indépendant en faveur de l'analyse

[20] Rappelons que nous ne tenons pas compte des QON 3,comme
(143) *C'est-i toi qui a fait ça ?*

des QON 2 et des QK 3 pour laquelle nous venons de nous décider.

(141) *Comment que ce garçon s'appelle ?*

(142) *Où que c'est que tu vas ?*

Considérons d'abord la nature du mot *que* qui suit immédiatement le constituant K dans ces deux séquences.On pourrait penser qu'il s'agit d'une simple particule interrogative.Mais dans ce cas les séquences (141) et (142) toutes entières devraient être analysées comme des propositions matrices,ce qui laisserait sans explication le fait que T-INV. SUJ.PCL. ne peut pas s'appliquer aux suites sous-jacentes à ces séquences :

(143)**Comment que ce garçon s'appelle-t-il ?*

(144)**Où qu'est-ce que tu vas ?*

Du moment qu'on interprète *que* comme un complémentiseur introduisant une subordonnée,ces difficultés disparaissent : puisque T-INV.SUJ.PCL. ne s'applique qu'aux propositions matrices,la dérivation de (143) et de (144) est impossible.

Si *que* introduit une proposition enchâssée,les suites sous-jacentes aux séquences (141) et (142) se présentent globalement comme suit :

(141') (${}_{P_1}$ (${}_{Comp}$ comment +Q) X (${}_{P_2}$ (${}_{Comp}$ -Q) ce garçon il s'appelle PRO))

(142') (${}_{P_1}$ (${}_{Comp}$ où +Q) X (${}_{P_2}$ (${}_{Comp}$ -Q) c'est PRO (${}_{P_3}$ (${}_{Comp}$ -Q) tu vas)))

Cela étant,il nous faut maintenant formuler une règle dont l'effet est de supprimer le constituant marqué X dans (141') et (142').De plus,nous devons trouver une combinaison 'sujet-verbe',marquée X dans (141') et (142'),dont le contenu sémantique soit pratiquement vide,parce qu'il serait inconcevable qu'une règle soit autorisée à effacer des constituants sémantiquement pleins,tels que *Jean* et *croire* dans (145'),pour dériver la séquence (145) :

(145') (${}_{P}$ (${}_{Comp}$ combien +Q) Jean il croit (${}_{P}$ (${}_{Comp}$ -Q) cette bagnole elle coûte PRO))

(145) *Combien que cette bagnole coûte ?*

Une solution se dessine si l'on admet avec,par exemple,

Damourette & Pichon (1911-1936,IV:321-7) que les QK 2 et 5 sont des variantes populaires de la construction QK 3.Cela revient à supposer que les séquences suivantes remontent à la même source que (141) et (142) :

(141-2) *Comment est-ce que ce garçon s'appelle ?*

(142-2) *Où est-ce que c'est que tu vas ?*

Par conséquent,selon cette hypothèse,la suite destinée à être effacée dans (141') et (142') serait *est-ce*.Cela est tout à fait plausible à la lumière de ce qui a été dit dans la section précédente,à savoir que la valeur de mise en relief de la construction

(146) X *être*+Tps *ce que* Y

a complètement disparu dans les QON et n'est pas toujours présente dans les QK (voir la règle 140,p.111).Il est clair, par ailleurs,que cette solution est incompatible avec l'analyse des QK 3 de Roulet (1969).En effet,si *que* dans

(141) *Comment que ce garçon s'appelle ?*

(142) *Où que c'est que tu vas ?*

était le résultat d'une réduction de la particule *est-ce que*,*que* ne pourrait jamais fonctionner comme complémentiseur introduisant une proposition enchâssée.Or,nous venons de voir que tel est précisément le cas.

Il nous reste à formuler la règle de réduction.En nous inspirant de l'étude de Labov (1969) sur la contraction et la suppression de la copule anglaise,nous supposerons,sans preuve indépendante à l'appui,qu'il existe en français une règle morphologique,ou phonologique,qui efface *est-ce* dans le contexte suivant :

(147) R-REDUCTION *EST-CE QUE* (RED.ESK)

$$est\text{-}ce \xRightarrow{OP} \emptyset \;/\; ({}_{P}\,({}_{Comp}\ K{+}X\ {+}Q)\ \_\_\ ({}_{P}\,({}_{Comp}\ {-}Q)\ Y{\neq}0))$$

En réalité,il se pourrait que cette opération se déroule en deux temps,parce qu'il semble qu'à côté des formes en /k/ on trouve parfois,et pas seulement en français populaire,des formes intermédiaires en /sk/ :

(148) *Qui est-ce que* /kièsk/ ==> /kisk/ ==> /kik/
Où est-ce que /uèsk/ ==> /usk/ ==> /uk/
(cf. Damourette & Pichon 1911-1936,IV:323)

Mais comme Behnstedt (1973:44) affirme ne pas avoir rencontré de telles formes lors de son enquête,nous ne tiendrons pas compte ici de la forme en /sk/.

7.1.7. Constituants disloqués

De toutes les formes que nous avons décrites dans le chapitre consacré à la taxonomie de l'interrogation directe,seules les constructions disloquées ne sont pas encore engendrées par les règles qui ont été formulées jusqu'ici.Rappelons qu'il s'agit de séquences comme celles qui suivent :

(149) *Votre femme,elle approuve ?*

(150) *Mais est-ce que c'est suffisant,un quart d'heure de gymnastique tous les matins ?*

(151) *Est-il vraiment miraculeux,ce nouveau produit ?*

(152) *A quoi ça ressemble,la Guyane française ?*

(153) *Où c'est qu'il est passé,ce chien ?*

(154) *Où que c'est qu'elle est,ta valise ?*

(155) *Ton frangin,il vient quand ?*

(156) *Ces problèmes,quels sont-ils pour vous,immédiatement ?*

Ross (1967:232-9) propose de dériver les séquences de ce type au moyen de deux règles transformationnelles,qui déplacent un Sn vers la gauche ou vers la droite après la pronominalisation du Sn concerné :

(157) $\underset{1}{X} - \underset{2}{Sn} - \underset{3}{Y} \xrightarrow{OP} 2 \# 1, \underset{[+PRO]}{2}, 3$

(158) $\underset{1}{X} - \underset{2}{Sn} - \underset{3}{Y} \xrightarrow{OP} 1, \underset{[+PRO]}{2}, 3 \# 2$

Mais dans le cadre de l'analyse que nous avons présentée dans les sections précédentes,la pronominalisation du Sn destiné à être déplacé est superflue,parce que les pronoms clitiques sont engendrés directement dans la base,afin de pouvoir engendrer des séquences qui,sans être des cas de dislocation,contiennent un sujet nominal en même temps qu'un sujet pronominal :

(159) *Le bac il est le diplôme de l'avenir ?*

(160) *Pourquoi ta soeur elle ne veut pas venir jouer ?*

(161) *Les Français ont-ils vraiment besoin de vous ?*

(162) *En quelle année votre famille s'est-elle installée à Paris ?*

Aussi les transformations de dislocation pourraient-elles être reformulées comme suit :

(163) $\underset{1}{\text{X}} - \underset{2}{\text{Sn}} - \underset{3}{\text{Pcl}} - \underset{4}{\text{Y}} \overset{\text{OP}}{\Longrightarrow} \begin{Bmatrix} 2 \# 1,\emptyset,3,4 \\ 1,\emptyset,3,4 \# 2 \end{Bmatrix}$

La simplicité de cette règle est malheureusement son seul attrait.En effet,Daems (1974:250-1,331-3) et Hirschbühler (1974,1975) ont démontré que la dérivation des constructions disloquées par voie transformationnelle est totalement inadéquate.D'une part il existe des exemples de dislocation, tels que

(164) *La chasse à l'étudiant,je pense que la police a toujours considéré cette activité comme un sport très agréable*

(165) *Le coupable,on en trouve toujours un dans ces sortes d'affaires* (exemples empruntés à Hirschbühler 1974)

dont aucune analyse par transformation ne peut rendre compte,vu la nature du représentant du constituant disloqué dans la proposition matrice.D'autre part,Daems et Hirschbühler font remarquer qu'une transformation de dislocation violerait certaines conditions générales sur les transformations.Cela peut être illustré à l'aide de la séquence

(166) *Les bouteilles,où dis-tu que Pierre croit qu'elles sont passées ?*

La structure profonde de cette séquence est globalement la suivante :

(166') $(_{P_1}(_{\text{Comp}}$ Pr Sn +Q) tu dis $(_{P_2}(_{\text{Comp}}$ Pr Sn -Q) Pierre croit $(_{P_3}(_{\text{Comp}}$ Pr Sn -Q) les bouteilles sont passées $(_{\text{Sp}}\ (_{\text{Pr}}$ à) $(_{\text{Sn}}\ (_{\text{Dét}}$ K+Qq) $(_{\text{N}}$ +PRO,+[lieu]))))))

T-ATTR.K remonte le constituant K de Comp en Comp de sorte que cette règle ne peut pas mouvoir en même temps le syntagme *les bouteilles*.Mais alors,selon la condition générale que nous avons citée dans la section 7.1.4. (numéro 91,p. 99),le constituant *les bouteilles* ne peut plus être extrait de P_3 par une transformation de mouvement.Et même en admettant qu'une telle règle puisse être justifiée,elle violerait quand même la condition générale qui spécifie qu'une règle transformationnelle ne peut avoir comme domaine d'application que deux cycles adjacents au maximum (cf. Chomsky 1973: 247),car,dans le cas de (166'),nous serions obligés de faire passer un constituant de P_3 dans P_1.

Ces faits ont conduit Hirschbühler (1974,1975) à proposer une description où les constructions disloquées sont engendrées par la règle (167),qui précêderait les règles (168) et (169) :

(167) P ——> (Sn^n) P'[21]

(168) P' ——> Comp P"

(169) P" ——> Sn Aux Sv

L'avantage de cette règle est qu'elle permet de dériver non seulement des cas classiques de dislocation à gauche,comme

(149) *Votre femme,elle approuve ?*

mais aussi des séquences plus difficiles,telles que

(164) *La chasse à l'étudiant,je pense que la police a toujours considéré cette activité comme un sport très agréable*

et même des phrases comme (171) et (172),qui,bien qu'elles soient apparentées aux constructions disloquées,n'avaient pas été incorporées dans l'analyse jusque là :

(171) *Paul,Pierre vient de se battre avec cet idiot*

(172) *Oh,tu sais,moi,la bicyclette,je n'aime pas me fatiguer* (exemples de Hirschbühler 1974)

Daems (1974:331-3),indépendamment de Hirschbühler,propose une règle analogue à (167).Seulement,il essaie de la généraliser afin de pouvoir décrire aussi la dislocation à droite,comme dans

(152) *A quoi ça ressemble,la Guyane française ?*

de même que les cas comme

(173) *Il y tient beaucoup,à la musique classique ?*

où le terme disloqué n'est pas un Sn,mais un Sp.C'est pourquoi il propose la règle syntagmatique suivante :

---

[21] Sn^n indique qu'une séquence peut contenir plusieurs constituants disloqués,comme par exemple

(170) *Les moules,toi,tu les aimes ?*

(174) P ——> (X) P' (X)

où X représente tout noeud syntagmatique dans le sens de Emonds (1970)(cf. pp.85-6 de ce livre)

Mais deux faits nous portent à croire que cette généralisation est incorrecte.D'une part,il est remarquable que dans les séquences (164),(171) et (172) le Sn disloqué peut seulement se trouver à gauche de la proposition qui,pour ainsi dire,le commente :

(175)*_Je pense que la police a toujours considéré cette activité comme un sport très agréable, la chasse à l'étudiant_

(176)*_Pierre vient de se battre avec cet idiot, Paul_

(177)*_Oh, tu sais, moi, je n'aime pas me fatiguer, la bicyclette_

(cf. Hirschbühler 1974:17)

Et d'autre part il y a le fait que si le constituant disloqué fait partie d'une proposition enchâssée,comme dans les exemples

(178) _Je sais que les moules, Pierre ne les aime pas_

(179) _Je t'assure qu'un accident comme ça, il ne m'en arrivera pas_

il se trouve à droite du complémentiseur,contrairement à ce qui se passe dans les propositions matrices :

(156) _Ces problèmes, quels sont-ils pour vous, immédiatement ?_

(180) _Pierre, où va-t-il ?_

contrairement aussi à ce que prescrivent les règles (167) et (168),que nous répétons par commodité :

(167) P ——> (Sn^n) P'

(168) P' ——> Comp P"

Nous en tirons la conclusion qu'il faut postuler deux règles syntagmatiques pour dériver les séquences disloquées et autres constructions apparentées.La première,celle de Hirschbühler,ne s'applique qu'aux propositions matrices.Pour marquer cette restriction,nous reformulons les règles (167) et (168) comme suit :

(181) S ——> (Sn^n) P (Nous supposerons que S,contrairement à P,n'est pas récursif)

(182) P ——> Comp P'

L'autre règle,celle de Daems,réécrit P' :

(183) P' ——> (X) P"(X^n)[22]

Si cette hypothèse est exacte,on peut s'attendre à ce qu'il existe des séquences contenant deux constituants disloqués,dont le premier se trouve devant le complémentiseur, l'autre derrière,c'est-à-dire des séquences qui correspondent au schéma suivant :

(184)

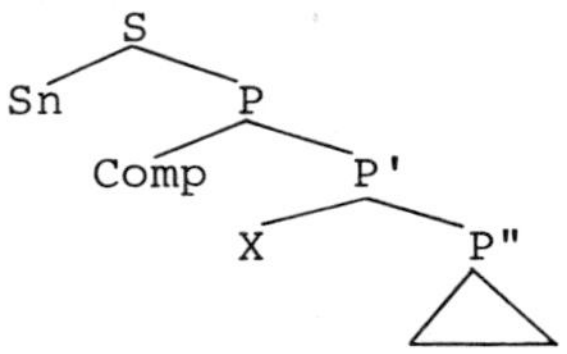

Et,effectivement,de telles séquences se rencontrent,témoin l'exemple

(185) *Ma soupe,pourquoi Paul,hier,n'a-t-il pas voulu la manger ?*

7.1.8. Synthèse

Nous donnons ci-dessous la liste des règles dont il a été démontré dans les sections précédentes qu'elles sont nécessaires à une description adéquate de l'interrogation directe en français parlé.

Règles syntagmatiques :

RS 1 :	S	——>	(Sn^n) P	(cf. p.117,règle 181)
RS 2 :	P	——>	Comp P'	(p.117,r.182)
RS 3 :	Comp	——>	(Pr) Sn $\underline{+}$Q	(p.99,r.92)
RS 4 :	P'	——>	(X) P" (X^n)	(p.118,r.183)
RS 5 :	P"	——>	Sn Aux Sv	(p.116,r.169)
RS 6 :	Sn	——>	(Dét) N (P)	(---)
RS 7 :	Dét	——>	$\left\{ \begin{matrix} (\ldots)\ \text{Art} \\ \text{Indéf} \end{matrix} \right\}$	(---)

[22] Il convient de marquer X^n au lieu de X,parce qu'une séquence peut contenir non seulement plusieurs constituants disloqués à gauche (règle 181),mais aussi plusieurs constituants disloqués à droite,comme le prouve l'exemple suivant,cité par Bally (1951,I:315) :

(185a) *Est-ce que vous y avez compris quelque chose,vous,à tout ça ?*

Nous laissons en suspens la question de savoir s'il y a d'autres noeuds syntagmatiques que Sn et Sp à pouvoir figurer sous X.

RS 8 : Indéf ——> $\{ {}^{(K)\ Qq}_{\dots} \}$ (p.103,r.104)

RS 9 : Aux ——> Pcl Tps (p.92,r.71)

RS 10 : Sv ——> V (Sn) (Sp) (P) (---)

RS 11 : Sp ——> Pr Sn (---)

Règles transformationnelles[23] :

T 1 : ATTRACTION CONSTITUANT K (ATTR.K)

$({}_{Comp}\ \underset{1}{(Pr)Sn} - \underset{2}{\pm Q}) - \underset{3}{X} - (Pr)({}_{Sn}\ \underset{4}{K+Y}) - \underset{5}{Z} \overset{OP}{\Longrightarrow}$

4,2,3,PRO,5 (p.102,r.103)

T 2 : CLITICISATION Ç (CL.Ç)

$({}_{Sn}\ \underset{1}{Ç}) - ({}_{Pcl}\ \underset{2}{\Delta}) - \underset{3}{X} - \underset{4}{\textit{être}} \overset{OB}{\Longrightarrow}$ Ø,*ce*,3,4

(p.95,r.77)

T 3 : INVERSION SUJET PRONOM CLITIQUE (INV.SUJ.PCL.)[24]

$\underset{1}{\underset{[+Q]}{X}} - \underset{2}{Pcl} - \underset{3}{\bar{V}} - \underset{4}{\underset{[-K]}{Y}} \overset{OP}{\Longrightarrow}$ 1,Ø,3+2,4 (radicale)

(p.96,r.83)

T 4 : SUPPRESSION SUJET PRONOM CLITIQUE (SUP.SUJ.PCL.)

$\underset{1}{X} - \underset{2}{Sn} - \underset{3}{Pcl} - \underset{4}{Y} \overset{OP}{\Longrightarrow}$ 1,2,Ø,4 (p.97,r.84)

T 5 : INVERSION SUJET NOMINAL (INV.SUJ.NOM.)

$\underset{1}{\underset{[+K]}{W}} - \underset{2}{Sn} - \underset{3}{\underset{[-Pcl]}{X}} - \underset{4}{V\ Y} - \underset{5}{Z} \overset{OP}{\Longrightarrow}$ 1,Ø,3,4+2,5

(p.98,r.86)

Filtres de surface :

F 1 : $({}_{P}\ ({}_{Comp}\ X \neq 0,\ +Q)\ Y\ K\ Z) \Longrightarrow *$ (p.102,r.100)

F 2 : *Ce être*+Tps X *que* Y :

- interprétable seulement lorsque Tps = présent ;
- si X = 0 ,interprétable seulement dans un sens causal ou emphatique,mais pas dans un sens interrogatif. (p.111,r.139)

---

[23] Il a également été question de la règle d'extraposition (p.81).Si nous n'en donnons pas la formule,c'est qu'il est probable que les constructions 'extraposées' doivent être engendrées directement dans la base (voir Emonds 1972 et Ruwet 1975).

[24] La formulation de T-INV.SUJ.PCL. sera modifiée légèrement dans la section 7.2.1.

F 3 : X *être*+Tps *ce que* Y :

- interprétable seulement lorsque Tps = présent ;
- si X = 0 ,pas de mise en relief de Y en français moderne ;
- si X ≠ 0 ,Y n'est pas nécessairement mis en relief.

(p.111,r.140)

R-REDUCTION *EST-CE QUE* (RED.ESK)

$$\textit{est-ce} \overset{OP}{\Longrightarrow} \emptyset \;/\; (_{P}\ (_{Comp}\ K{+}X\ {+}Q)\ \_\_\_\ (_{P}\ (_{Comp}\ {-}Q)\ Y{\neq}0))$$

(p.113,r.147)

Le schéma suivant indique pour quelles paires de transformations l'ordre d'application a été justifié :

T 1 (ATTR.K)
T 2 (CL.Ç)
T 3 (INV.SUJ.PCL.)
T 4 (SUP.SUJ.PCL.)
T 5 (INV.SUJ.NOM.)

Finalement,nous indiquons pour tous les types de séquences quelles transformations ont été appliquées lors de leur dérivation :

			TRANSFORMATIONS					RED.
			1	2	3	4	5	ESK
QON	1a	*Vous allez revenir bientôt ?*			-			
QON	1b	*Paul a déjà fini de manger ?*			-	+		
QON	1a+b	*Ton papa il boit beaucoup ?*			-	-		
QON	2	*Est-ce qu'il est malade ?*		+	+			
QON	4a	*Partirez-vous aujourd'hui ?*			+			
QON	5	*Les Français ont-ils vraiment besoin de vous ?*			+			
QK	1a	*Depuis quand tu es ici ?*	+		-			
QK	1b	*Depuis quand Pierre est malade ?*	+		-	+	-	
QK	1a+b	*Pourquoi ta soeur elle ne veut pas venir jouer ?*	+		-	-		
QK	2	*Quelle heure qu'il est ?*	+	+	+			+
QK	3	*Où est-ce qu'il habite ?*	+	+	+			-
QK	4	*A quelle heure c'est que le camion va passer ?*	+	+	-			
QK	5	*Où que c'est que tu vas comme ça ?*	+	+	+			+
QK	6a	*Vous êtes combien ?*	-					

			TRANSFORMATIONS 1	2	3	4	5	RED. ESK
QK	6b	*Votre mère vient de quelle région ?*	-			+		
QK	6a+b	*Ton frangin il vient quand ?*	-			-		
QK	7a	*Comment a-t-il pu réaliser cet exploit ?*	+		+			
QK	7b	*Où sont passées mes cigarettes ?*	+		-	+	+	
QK	8	*Depuis quand Pierre est-il malade ?*	+		+			

7.2. Différenciation des niveaux de langue

7.2.1. Grammaires dérivées

Maintenant que nous avons construit une grammaire qui engendre toutes les formes de l'interrogation directe en français parlé,le moment est venu de déterminer de quelle façon on pourrait rendre compte,dans le cadre ainsi défini,des différences entre les trois niveaux de langue que nous avons distingués dans la section 6.1.

Pour autant que nous sachions,la première étude ayant eu pour but d'incorporer des différences entre niveaux de langue dans une description générative-transformationnelle fut celle de Klima (1964),étude qui porte sur l'utilisation,en anglais,des formes fortes du pronom personnel (*we* vs. *us*) et du pronom interrogatif-relatif (*who* vs. *whom*).Klima y fait la distinction entre quatre 'styles',dont le premier et le deuxième correspondent à ce que nous avons appelé respectivement le registre soutenu ("elegant") et le registre familier ("standard colloquial")(voir pp. 53-4).Les deux autres niveaux ne sont pas définis en termes sociologiques,ni en termes de registres,mais exclusivement en fonction de propriétés linguistiques.Chaque niveau est examiné séparément, c'est-à-dire que chaque niveau a sa propre grammaire.La relation entre deux de ces grammaires GR_i et GR_j est décrite au moyen d'un ensemble de règles d'extension E_{i-j} qu'il faut ajouter à GR_i pour obtenir GR_j.Une règle d'extension s'applique immédiatement après la règle concernée de GR_i.Le système de Klima,qui peut être visualisé comme suit :

(186) $GR_1 \xrightarrow{E_{1-2}} GR_2 \xrightarrow{E_{2-3}} GR_3 \xrightarrow{E_{3-4}} GR_4$

a été amendé quelques années après par Butters (1967:36-56 ; 1971),dans ce sens que cet auteur suppose que le sujet parlant dispose d'une grammaire-noyau ("core-grammar") à laquelle s'ajoutent des règles facultatives qui permettent la dérivation de séquences appartenant à d'autres registres que celui qui est décrit par la grammaire-noyau.Sous cette optique la relation entre les grammaires GR_1 à GR_4 peut être représentée comme suit :

(187) $GR_2 \xleftarrow{E_2} GR_1 \xrightarrow{E_3} GR_3$

$GR_1 \xrightarrow{E_4} GR_4$ (vers le bas)

Les raisons pour lesquelles Butters préfère son système à celui de Klima sont d'une part qu'il lui semble 'naturel' de supposer qu'une des grammaires - celle du registre familier (cf. Butters 1971:247) - fonctionne comme grammaire-noyau et que les autres grammaires sont définies par rapport à celle-là,parce que c'est au niveau familier que la plupart des usagers s'exprimeraient le plus naturellement.D'autre part,dit-il,on peut beaucoup simplifier les règles d'extension reliant GR_1 à GR_4 si on n'est pas obligé de passer d'abord par GR_2 et GR_3.Finalement,le système de Butters permet d'éviter le problème de la justification de l'ordre mutuel des différentes grammaires.

Il n'est pas difficile de voir que la proposition de Klima,revue par Butters,peut être reformulée entièrement en termes du principe de la dérivation indirecte,que nous avons décrit dans la première partie (p.22).En effet,les règles d'extension ne font que définir la façon dont les règles de la grammaire-noyau doivent être 'corrigées' ou complétées pour pouvoir engendrer - indirectement - les séquences qui appartiennent à d'autres niveaux de langue et dont les énoncés sont jugés inacceptables au niveau-noyau.

Afin de mieux connaître les possibilités et les limites de ce principe de la dérivation indirecte,pour ce qui est de la différenciation des niveaux de langue, nous allons essayer maintenant de l'appliquer au domaine de l'interrogation directe, en choisissant comme grammaire-noyau, conformément à la recommandation de Butters, la grammaire du français familier. Dans ces conditions, la relation entre les trois niveaux de langue que nous avons distingués peut être représentée comme suit :

(188)
$$\begin{array}{ccccc} \text{français} & \xleftarrow{\hspace{2cm}} & \text{français} & \xrightarrow{\hspace{2cm}} & \text{français} \\ \text{soutenu} & & \text{familier} & & \text{populaire} \\ \text{(FS)} & E_{FS} & \text{(FF)} & E_{FP} & \text{(FP)} \end{array}$$

Rappelons (cf. la section 6.2.) que de toutes les constructions interrogatives, les suivantes - illustrées chacune par un exemple - ne se rencontrent pas en français familier :

(189) *Les Français ont-ils vraiment besoin de vous ?* (QON 5)

(190) *Quelle heure qu'il est ?* (QK 2)

(191) *Où que c'est que tu vas comme ça ?* (QK 5)

(192) *Depuis quand Pierre est-il malade ?* (QK 8)

Lorsqu'on compare ces séquences avec la liste de règles de la section 7.1.8. (pp.119-120), on constate qu'il est possible de rendre compte de l'inacceptabilité, en FF, des énoncés qui correspondent avec ces séquences, en restreignant l'application de T-INV.SUJ.PCL. et en supposant que la règle de réduction de *est-ce que* ne s'applique pas en français familier.

En ce qui concerne T-INV.SUJ.PCL., que nous avions formulée ainsi :

(193)
$$\begin{array}{ccccccccc} X & - & Pcl & - & \bar{V} & - & Y & \xRightarrow{OP} & 1,\emptyset,3+2,4 \\ [+Q] & & & & & & [-K] & & \\ 1 & & 2 & & 3 & & 4 & & \end{array}$$

on peut éviter la dérivation des constructions d'inversion complexe (QON 5 et QK 8) en précisant que le premier terme de l'analyse structurale ne peut pas contenir de Sn sujet. En français familier cette transformation se présente donc comme suit :

(194) T-INV.SUJ.PCL. (FF)
$$\begin{array}{ccccccccc} ({}_{Comp}\ W\ +Q) & - & Pcl & - & \bar{V} & - & Y & \xRightarrow{OP} & 1,\emptyset,3+2,4 \\ & & & & & & [-K] & & \\ 1 & & 2 & & 3 & & 4 & & \end{array}$$

Les règles d'extension E_{FS}, qui relient la grammaire-noyau à celle du français soutenu,sont au nombre de deux :

(195) E_{FS-1} : introduction d'une variable X dans le premier terme de l'analyse structurale de T-INV.SUJ. PCL.,à droite du complémentiseur.

Cela revient à dire qu'en français soutenu T-INV.SUJ.PCL. doit être formulée ainsi :

(196) T-INV.SUJ.PCL. (FS)

$$({}_{Comp}\ W\ +Q)\underset{1}{X} - \underset{2}{Pcl} - \underset{3}{\bar{V}} - \underset{4}{\underset{[-K]}{Y}} \xRightarrow{OP} 1,\emptyset,3+2,4$$

La deuxième règle d'extension reliant la grammaire-noyau à celle du français soutenu concerne T-SUP.SUJ.PCL.,transformation que nous avons formulée comme suit :

(197) $$\underset{1}{X} - \underset{2}{Sn} - \underset{3}{Pcl} - \underset{4}{Y} \xRightarrow{OP} 1,2,\emptyset,4$$

Rappelons,en effet,que nous avons fait remarquer à propos des formes de l'interrogation directe en français soutenu que la reprise du sujet nominal par un pronom personnel n'est possible,à ce niveau de langue,que si le pronom ne suit pas immédiatement le nom (p.65).On peut en rendre compte tout simplement en précisant que l'application de T-SUP. SUJ.PCL. est obligatoire en français soutenu :

(198) E_{FS-2} : application obligatoire de T-SUP.SUJ.PCL.

Il ne nous faut qu'une seule règle d'extension pour relier la grammaire-noyau à celle du français populaire :

(199) E_{FP-1} : adjonction de la règle de REDUCTION *EST-CE QUE*

$$\textit{est-ce} \xRightarrow{OP} \emptyset \Big/ ({}_P\ ({}_{Comp}\ K{+}X\ {+}Q)\ \_\_\ ({}_P\ ({}_{Comp}\ {-}Q)\ Y{\neq}0))$$

Cette règle permet d'engendrer les QK 2 et 5,telles que

(190) *Quelle heure qu'il est ?* et

(191) *Où que c'est que tu vas comme ça ?*

Il n'est donc pas difficile de reformuler les règles responsables de la dérivation des constructions interrogatives en français parlé de façon à pouvoir différencier les trois niveaux de langue que nous avons distingués.Mais estce à dire qu'en appliquant le principe de la dérivation indirecte nous avons réussi à faire ressortir *toutes* les différences entre ces trois niveaux ? Un examen des tableaux 1,

2 et 3 de la section 6.2. et des remarques qui s'y rapportent aboutit nécessairement à une réponse négative.On peut même se demander si les différences essentielles ne nous ont pas échappé.En effet,la très forte probabilité de l'inversion sous toutes ses formes ne constitue-t-elle pas un trait beaucoup plus caractéristique de l'interrogation en français soutenu - par rapport au français familier - que le fait qu'on y rencontre l'inversion complexe (QON 5 et QK 8) à côté de l'inversion simple (QON 2,4a et QK 3,7) ? Quoi qu'il en soit,on ne peut nier l'importance de ces faits quantitatifs,si l'on désire rendre compte de toutes les différences qui opposent les trois niveaux de langue.Aussi une théorie qui préciserait que toute règle de grammaire est accompagnée d'un indice exprimant sa probabilité d'application serait-elle nettement préférable au système de grammaires proposé par Klima et Butters.Une telle théorie sera présentée et appliquée dans la section suivante.

7.2.2. Règles variables

C'est dans un article de Labov (1969),sur la contraction et la suppression de la copule anglaise,qu'apparaissent pour la première fois les règles variables en grammaire générative. En fait,ces règles constituent un raffinement indispensable de la dichotomie : application obligatoire ou application facultative.Si nous disons que ce raffinement est indispensable,c'est que l'étiquette 'OP' (optional) suggère à tort que le choix entre l'application et la non-application d'une règle facultative est une affaire de variation libre.Or,nous venons de faire remarquer encore une fois que la haute probabilité de l'inversion en français soutenu est un des traits les plus caractéristiques qui opposent ce niveau de langue au français familier et au français populaire.D'ailleurs,même si l'on s'en tient à un seul niveau de langue, comme c'est le cas de Labov (1969),l'on constate que d'une part,il existe des facteurs qui,sans rendre une règle obligatoire,en favorisent grandement l'application,tandis que d'autre part,il y a des contextes linguistiques où l'application de cette même règle est très rare.

Afin de pouvoir incorporer ce genre de données dans sa description,Labov (1969:737 sv.) propose de modifier la notion de règle comme suit : à toute règle est associée une probabilité d'application 'p' qui fait partie intégrante de cette règle et qui varie entre 0 et 1.S'il s'agit d'une règle obligatoire en toute circonstance,p = 1 par définition. Si,au contraire,la règle est facultative,p est calculée selon la formule :

(200) $p = 1 - (p_0 - \alpha pF_1 \ \ldots - \alpha pF_i \ \ldots - \alpha pF_n)$

où p_0 est la probabilité globale de *non*-application de la règle en question,cette probabilité étant fonction de plusieurs facteurs sociolinguistiques,tels que l'âge,le sexe, l'origine sociale des individus qui constituent la population décrite,le niveau de langue qui fait l'objet de l'analyse,etc. ; pF_i est une constante,associée au facteur F_i , qui modifie p_0 dans un sens positif ou négatif (α pouvant être '+' ou '-').Si F_i favorise l'application de la règle, α est '+' et il en résulte que la quantité pF_i est déduite de la probabilité de non-application de la règle (p_0).Dans le cas contraire p_0 augmente et,par conséquent,la probabilité d'application de la règle (p) diminue.Si la présence de F_i rend l'application de la règle obligatoire,αpF_i est notée *1*[25] et une convention générale attribue à p la valeur de 1,si au moins un des facteurs contextuels est pourvu du symbole *1*.Une autre convention générale garantit le résultat suivant :

(201) $0 \leqslant (p_0 - \alpha pF_{1\ \ldots\ n}) \leqslant 1$

Sans cette convention,on pourrait obtenir des valeurs de p supérieures à 1 ou inférieures à 0,ce qui serait absurde. Il faut préciser que lorsqu'on parle de la probabilité d'application d'une règle,il s'agit presque toujours d'une probabilité d'application relative.En effet,en étudiant l'interaction d'un certain nombre de facteurs,l'on suppose en

[25] En réalité,Labov (1969) utilise un simple astérisque,mais pour éviter qu'on ne confonde ce symbole avec celui qui accompagne les séquences que la grammaire n'engendre pas,nous nous servirons du symbole *1*.

même temps qu'il n'y a pas d'autres facteurs susceptibles d'influencer le résultat.Il est évident que cela n'est pas nécessairement exact.

Cedergren & Sankoff (1974) ont présenté un modèle quelque peu différent pour calculer la probabilité d'application relative d'une règle.Au lieu d'additionner les effets des différents facteurs,ils proposent de les multiplier :

(202) $p = p_{max} \times pF_1 \ldots \times pF_i \ldots \times pF_n$

où p_{max} est la probabilité d'application maximum de la règle considérée,c'est-à-dire la probabilité de la règle dans les circonstances les plus favorables à son application.Très souvent $p_{max} = 1$.Par conséquent,pF_i est toujours $\leqslant p_{max}$.Ce modèle est préférable à celui de Labov (1969),parce que, d'une part,les prédictions calculées à base du modèle multiplicatif correspondent mieux aux données d'observation (cf. Cedergren & Sankoff 1974:336-8),et que d'autre part,on peut se passer de la convention générale qui tronque les valeurs de p inférieures à 0 et supérieures à 1.

Il est à remarquer,finalement,que Labov (1969) aussi bien que Cedergren & Sankoff (1974) supposent,sauf preuve du contraire,qu'il n'y a pas d'interaction des facteurs qui déterminent la probabilité d'application d'une règle.

Après ce bref exposé du principe des règles variables,le moment est venu de passer aux applications.Essayons donc une nouvelle fois de différencier les trois niveaux de langue que nous avons distingués,en nous limitant,bien entendu,aux données qui concernent l'interrogation directe.Toutefois, avant de reconsidérer une par une les règles facultatives que nous avons formulées précédemment,nous rappelons sous forme de schéma de quelle manière sont dérivées les différentes constructions interrogatives (voir le schéma 203 de la page 128).

En examinant les tableaux 1 à 3 de la section 6.2. (pp. 57,62 et 63),l'on voit que la probabilité d'application de T-ATTR.K varie clairement en fonction du niveau de langue, facteur que nous noterons comme p_{nl}.Nous marquerons donc dans la table qui accompagne cette transformation et qui résume ses modalités d'application,que si $p_{max} = 1$,p_{nl} prend

(203)

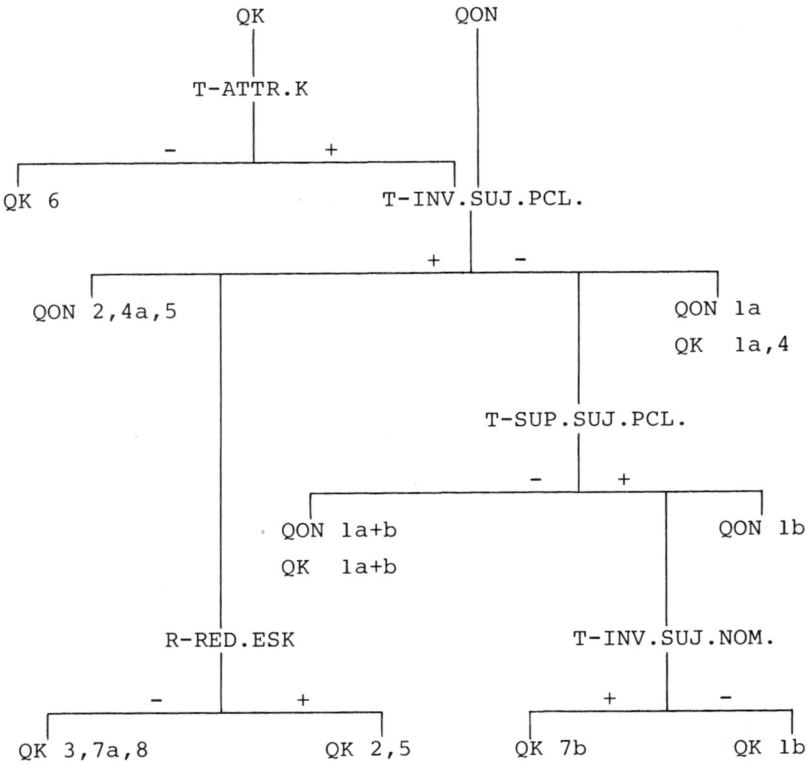

les valeurs suivantes selon qu'il s'agit d'une description du français soutenu :

(204) T-ATTR.K : $p_{nl:FS} = .75$ (i.c. : $\pm$ .013 , n = 4246)[26] ,

d'une description du français familier :

(205) T-ATTR.K : $p_{nl:FF} = .67$ (i.c. : $\pm$ .044 , n = 446),

ou d'une description du français populaire :

(206) T-ATTR.K : $p_{nl:FP} = .88$ (i.c. : $\pm$ .027 , n = 587).

Comme il ne semble pas y avoir de facteurs contextuels qui opposent les trois niveaux,nous passons à la règle suivante.

Dans la section 7.2.1. nous avons abouti à la conclusion que la formule adéquate de T-INV.SUJ.PCL. est la suivante :

---

[26] La formule à l'aide de laquelle nous avons calculé les intervalles de confiance a été donnée dans la section 6.3. (p.67).Tous les résultats numériques qui vont suivre ont été obtenus à base des données de Behnstedt (1973).Les renvois exacts sont mentionnés dans les tableaux des sections 6.2.,6.3. et 6.4.

(83) $(_{Comp}$ W +Q) X - Pcl - $\bar{}$V - Y $\xrightarrow{OP}$ 1,Ø,3+2,4

[-K]

1 2 3 4

Le schéma (203) permet de constater que sans l'application de T-INV.SUJ.PCL. ni les QON 2,4a,5 ni les QK 3,7a,8,2 et 5 ne peuvent être engendrées.Il se trouve qu'à côté du niveau de langue,deux facteurs contextuels influent fortement sur la probabilité d'application de T-INV.SUJ.PCL. (voir la section 6.2.),à savoir :

- la présence d'un constituant K,qui se trouve alors obligatoirement à la place de la variable W ;
- la présence d'un Sn devant le pronom clitique qui fait l'objet de l'opération de déplacement ;dans ce cas,donc, X ≠ 0 .

A partir des données numériques de Behnstedt (1973) il est possible de construire le tableau matriciel (207),où chaque case représente une des 12 combinaisons possibles des trois variables considérées (niveau de langue,présence d'un constituant K,présence d'un Sn devant Pcl),et où p représente la probabilité d'application de T-INV.SUJ.PCL. dans les circonstances décrites :

(207)

	QON (W = [-K])				QK (W = [+K])			
	5 (X≠0)		2,4a (X=0)		8 (X≠0)		2,3,5,7a (X=0)	
	p	i.c.	p	i.c.	p	i.c.	p	i.c.
FS	.64	± .032 (n=894)	.56	± .009 (n=11006)	.18	± .028 (n=734)	.87	± .011 (n=3540)
FF	.00		.10	??	.00		.24	± .050 (n=296)
FP	.00		.05	??	.00		.56	± .044 (n=518)

Du fait que le rapport entre les trois niveaux de langue n'est pas constant d'une colonne de la matrice à l'autre, nous sommes obligé de conclure que l'hypothèse nulle,qui consiste à supposer qu'il n'y a pas d'interaction des facteurs qui déterminent la probabilité d'application d'une règle,doit être rejetée dans le cas de T-INV.SUJ.PCL. En d'autres termes,il est impossible d'attribuer à chaque paramètre contextuel une valeur qui soit la même pour tous les trois niveaux de langue.

T-SUP.SUJ.PCL. oppose les séquences à double sujet,mais non disloquées,aux séquences dont le sujet est un Sn.Nous n'avons pas de données numériques concernant la fréquence des énoncés de ce type dans le corpus de Behnstedt (1973), mais nous savons qu'en français soutenu T-SUP.SUJ.PCL. est probablement obligatoire (cf. la section 6.2.,p.65).Par conséquent,nous pouvons noter dans la table qui accompagne cette transformation que

(208) T-SUP.SUJ.PCL. : $p_{nl:FS} = *1*$[27].

Pour les deux autres niveaux,p_{nl} se situe quelque part entre 0 et 1 :

(209) T-SUP.SUJ.PCL. : $0 < p_{nl:FF,FP} < 1$

Pour ce qui est de T-INV.SUJ.NOM.,nous savons qu'en français soutenu sa probabilité d'application est grande (cf. le tableau 4 de la section 6.2.,p.64) : en supposant que $p_{max} = 1$,

(210) T-INV.SUJ.NOM. : $p_{nl:FS} = .95$ (i.c. : $\pm$ .018 , n=587)

Les données de Behnstedt (1973) sont trop peu nombreuses pour que nous puissions nous prononcer sur la probabilité d'application de T-INV.SUJ.NOM. en français familier et en français populaire,mais on peut tenir pour certain que la valeur en est inférieure à celle de T-INV.SUJ.NOM. en français soutenu.Nous écrivons donc :

(211) T-INV.SUJ.NOM. : $0 < p_{nl:FF,FP} < .95$

Il nous reste à parler de la règle qui réduit *est-ce que* en *que* en français populaire.Les résultats de Behnstedt (1973) nous font évaluer la probabilité d'application de cette règle comme suit.Si $p_{max} = 1$,

(212) RED.ESK : $p_{nl:FS,FF} = .00$ et

---

[27] Rappelons qu'une convention générale associe à $p(T_i)$ la valeur de 1 si au moins un des facteurs qui contribuent à la probabilité d'application de T_i est pourvu du symbole *1*.

(213) RED.ESK : $p_{nl:FP}$ = .65 (i.c. : ± .056 , n=291).

En guise de conclusion nous croyons pouvoir affirmer que nous avons prouvé dans cette section que toutes les différences entre les trois niveaux de langue considérés dont on peut rendre compte en appliquant le principe de la dérivation indirecte de Klima et de Butters,sont exprimables également au moyen d'une grammaire à règles variables.Mais,en outre,une telle grammaire,parce que la dichotomie de l'application et de la non-application d'une règle y est remplacée par une échelle continue,permet de faire mieux ressortir - et de façon bien plus complète - que le fait central en termes duquel toutes les différences entre les trois niveaux peuvent être traduites,c'est la probabilité d'application des règles concernées.

7.3. Degré de grammaticalité d'une séquence interrogative

Etant donné qu'une grammaire à règles variables s'est avérée capable de rendre compte du fait que certains énoncés sont plus acceptables à un niveau de langue qu'à un autre,il est tentant d'en généraliser l'emploi et de formuler l'hypothèse que *toutes* les différences d'acceptabilité doivent être expliquées en termes de la probabilité d'application des règles de la grammaire.Cette hypothèse est particulièrement intéressante,puisqu'elle rend compte de la meilleure façon possible du caractère flou de l'ensemble A,c'est-à-dire l'ensemble des séquences qui correspondent aux énoncés jugés plus ou moins acceptables par le sujet parlant (voir la section 3.5.).Dans cette hypothèse,le degré de grammaticalité d'une séquence quelconque $\gamma(s_i)$ est le produit des valeurs p de toutes les règles qui ont contribué à la dérivation de cette séquence :

(214) $\gamma(s_i) = pR_a \times pR_b \ldots \times pR_j \times \ldots \times pR_n$

Si nous supposons qu'une grammaire contienne une règle facultative R_k dont la probabilité d'application est inférieure à .50 et que deux séquences s_i et s_j diffèrent uniquement l'une de l'autre en ceci que R_k a été appliquée lors de la dérivation de s_i et ne l'a pas été dans le cas de s_j ,dans ces conditions $\gamma(s_i) < \gamma(s_j)$.Il s'ensuit - conformément à l'axiome d'interprétation reliant les jugements d'acceptabilité relative à la notion théorique de degré de grammaticalité que nous avons formulé dans la section 3.1. (p.23) - que des énoncés de s_i doivent être jugés moins acceptables par le sujet parlant que les énoncés de s_j.Sinon,de deux choses l'une : la grammaire est mal construite,ou le mécanisme d'attribution de degrés de grammaticalité n'est pas celui qu'il nous faut.

La suite de cette section est consacrée à la question de savoir si effectivement toutes les différences d'acceptabilité dont nous avons fait mention dans la section 6.4. sont explicables en termes de la probabilité d'application des règles facultatives qui engendrent les formes de l'interrogation directe en français parlé.Les facteurs à considérer, rappelons-le,sont : la nature du sujet (nom ou pronom faible),le choix du verbe,le temps et le nombre de syllabes de la forme verbale conjuguée,et le choix du mot K.

En ce qui concerne le premier facteur,la nature du sujet,on peut faire remarquer qu'il a déjà été incorporé dans la formulation de T-INV.SUJ.PCL. et que l'effet qu'il a sur la probabilité d'application de cette transformation,a été résumé dans le tableau matriciel (207) de la section précédente (p.129).Comme,par ailleurs,la présence d'un sujet nominal est une condition nécessaire à l'application de T-SUP. SUJ.PCL. et de T-INV.SUJ.NOM. et qu'un tel sujet est par définition absent de la suite à laquelle s'applique R-RED.ESK, la nature nominale ou pronominale faible du sujet n'influe pas sur la probabilité d'application de ces trois règles.Il ne nous reste donc plus qu'à évaluer l'effet de ce facteur sur la probabilité d'application de T-ATTR.K,transformation que nous avons formulée comme suit :

$$(215)\quad ({}_{\text{Comp}}\underset{1}{(\text{Pr})\text{Sn}} - \underset{2}{\underline{+}\text{Q}}) - \underset{3}{\text{X}} - \underset{4}{(\text{Pr})({}_{\text{Sn}}\ \text{K+Y})} - \underset{5}{\text{Z}} \overset{\text{OP}}{\Longrightarrow} 4,2,3,\text{PRO},5$$

Des données numériques de Behnstedt (1973) nous déduisons que,si la probabilité d'application moyenne de T-ATTR.K en français soutenu = .75 (cf. section 7.2.2.,p.128),cette valeur est .86 pour un sujet nominal et .73 pour un sujet pronominal faible. On peut en rendre compte de la façon suivante :

(216) T-ATTR.K : $- p_{max} = 1.00$

$- p_{nl:FS} = .86$

$- p_{(X= -[Sn \ldots V \ldots])} = \frac{.73}{.86} = .85$

(i.c. : ± .012 , n=3540)

Nous sommes maintenant en mesure de calculer le degré de grammaticalité que notre grammaire attribue aux différents types de questions en français soutenu[28], pour autant que cela dépend des facteurs étudiés jusqu'ici (sections 7.2.2. et 7.3.). Le tableau 16 résume ce calcul. Pour des exemples, voir le dépliant de la page 142.

Tableau 16 : Degré de grammaticalité d'une séquence interrogative, en fonction de la nature du sujet

p de :	T-ATTR.K	× T-INV. SUJ.PCL.	× T-SUP. SUJ.PCL.	× T-INV. SUJ.NOM.	× R-RED.ESK	= γ
QON 1a		(1-.56)				= .44
QON 1b		(1-.64)	× (1.00)			= .36
QON 1a+b		(1-.64)	× (1-1.00)			= .00
QON 2		(.56)				= .56
QON 4a		(.56)				= .56
QON 5		(.64)				= .64
QK 1a	(.73)	× (1-.87)				= .09
QK 1b	(.86)	× (1-.18)	× (1.00)	× (1-.95)		= .03
QK 1a+b	(.86)	× (1-.18)	× (1-1.00)			= .00
QK 2	(.73)	× (.87)			× (.00)	= .00
QK 3	(.73)	× (.87)			× (1-.00)	= .63
QK 4	(.73)	× (1-.87)				= .09
QK 5	(.73)	× (.87)			× (.00)	= .00
QK 6a	(1-.73)					= .27
QK 6b	(1-.86)					= .14
QK 6a+b	(1-.86)		× (1-1.00)			= .00
QK 7a	(.73)	× (.87)			× (1-.00)	= .63
QK 7b	(.86)	× (1-.18)	× (1.00)	× (.95)		= .67
QK 8	(.86)	× (.18)			(1-.00)	= .15

En regroupant ces chiffres un peu autrement, nous constatons

[28] Nous devons nous limiter au français soutenu parce que les données de Behnstedt (1973) sur les QK à sujet nominal en français familier et en français populaire sont trop peu nombreuses pour que nous puissions en tirer des conclusions valables.

que notre grammaire du français soutenu fait à propos des énoncés qui correspondent aux différentes constructions interrogatives les prédictions suivantes :

(217) QON 1a $\overset{@}{<}$ QON 4a
QON 1b $\overset{@}{<}$ QON 5
QON 1a $\overset{@}{>}$ QON 1b
QON 4a $\overset{@}{<}$ QON 5

QK 1a $\overset{@}{<}$ QK 6a $\overset{@}{<}$ QK 7a
QK 1b $\overset{@}{<}$ QK 6b $\overset{@}{<}$ QK 8 $\overset{@}{<}$ QK 7b
QK 1a $\overset{@}{>}$ QK 1b
QK 6a $\overset{@}{>}$ QK 6b
QK 7a $\overset{@}{<}$ QK 7b

QON 1 $\overset{@}{>}$ QK 1
QON 4a $\overset{@}{<}$ QK 7a
QON 5 $\overset{@}{>}$ QK 8

Pour ce qui est des QON 1a,nous pouvons raffiner la prédiction,puisque Behnstedt (1973:151-2,290) a pu déterminer que tous les pronoms clitiques ne se conduisent pas de la même façon.Plus exactement,si le pronom clitique choisi est *vous*,le degré d'acceptabilité des énoncés correspondants est nettement plus élevé que lorsqu'il s'agit d'un pronom d'une autre personne (cf. le tableau 10 de la section 6.4.,p.75). Comme nous avons affaire ici à une propriété spécifique d'une unité lexicale,nous noterons dans la table qui contient les modalités d'application de T-INV.SUJ.PCL. que le choix du pronom clitique lui-même influe sur la probabilité d'application de cette transformation,et dans le lexique nous préciserons pour chaque pronom clitique quel est son effet sur p(T-INV.SUJ.PCL.).Concrétisons tout de suite cette proposition.Nous avons noté dans le tableau matriciel (207) (p.129) qu'en français soutenu la probabilité d'application globale de T-INV.SUJ.PCL. est égale à .56 .Afin de pouvoir rendre compte de l'effet qu'a le choix d'un pronom clitique spécifique,nous remplaçons ce nombre par la valeur maximum de p(T-INV.SUJ.PCL.) dans une QON à sujet pronominal.Les données numériques de Behnstedt (1973:290) nous permettent de fixer cette valeur à .72 (i.c. : $\pm$ .011 , n=6524),ce qui correspond à la probabilité d'application de T-INV.SUJ.PCL., lorsque le sujet est un pronom clitique de la 3ième personne du singulier (*il*,*elle*,*on*,*ce*).Par rapport à cette valeur maximum,les effets sur p(T-INV.SUJ.PCL.) que nous noterons dans le lexique pour les autres pronoms clitiques sont les suivants :

(218) *ils*,*elles* (3ième pluriel) : .59 (i.c. : ± .051,n=372)

(219) *vous* (2ième pluriel) : .37 (i.c.: ± .016,n=3566)

Cela implique que notre grammaire attribue aux différentes séquences QON la les degrés de grammaticalité que voici :

(220) γ(QON la,Pcl=3e sing) = 1 - (.72 × 1.00) = .28

γ(QON la,Pcl=2e plur) = 1 - (.72 × .37) = .73

γ(QON la,Pcl=3e plur) = 1 - (.72 × .59) = .58

Des facteurs dont nous avons dit qu'ils déterminent l'acceptabilité relative d'un énoncé QON,nous devons encore examiner le choix du verbe d'une part,et le temps de même que le nombre de syllabes de la forme verbale conjuguée d'autre part.

En principe on peut rendre compte du premier de ces facteurs de la même manière que du choix du pronom clitique. Toutefois,il convient de rappeler qu'il nous a été impossible de déterminer à base des données que fournit Behnstedt (1973:286-9) dans quelle mesure ce facteur interfère avec celui de la nature du sujet (cf. la section 6.4.,p.76).De plus,le nombre d'occurences de la plupart des verbes du corpus de Behnstedt est trop réduit pour qu'on puisse en tirer des conclusions vraiment intéressantes,même si on se limite aux quatorze verbes les plus fréquents en français parlé (cp. Gougenheim e.a. 1964).Cela ressort clairement des intervalles de confiance du tableau 17 (voir plus bas).

Mais quantifions d'abord l'effet du verbe le plus favorable à l'application de T-INV.SUJ.PCL. dans une QON.Un examen des pages 286-9 du livre de Behnstedt (1973) nous apprend qu'il s'agit du verbe *être*[29] : p(T-INV.SUJ.PCL.) = .75

---

[29] La haute probabilité de l'inversion dans les QON construites avec *être* est due seulement à la fréquence,en français soutenu,de la construction *est-ce que*.Si l'on fait abstraction de *est-ce que*,la probabilité de l'inversion avec *être* est seulement de .29 (i.c.: ± .018,

(i.c. : ± .010 , n=7303).Par rapport à cette valeur maximum, qui sera notée dans la table qui accompagne T-INV.SUJ.PCL. (cf.p.129),l'effet sur p(T-INV.SUJ.PCL.) des quatorze verbes les plus fréquents en français parlé,que nous devons inscrire dans le lexique,est le suivant (tableau 17) :

Tableau 17 : Effet sur p(T-INV.SUJ.PCL.) du choix d'un des 14 verbes les plus fréquents en français parlé soutenu

verbe choisi	effet sur p(T-INV.SUJ.PCL.)	i.c.	n
être	1.00		7303
vouloir	.85	± .064	125
pouvoir	.73	± .043	422
falloir	.71	± .081	72
prendre	.53	± .114	77
croire	.49	± .084	141
avoir	.48	± .024	1797
aller	.44	± .086	134
savoir	.44	± .105	89
voir	.36	± .158	37
faire	.22	± .083	99
arriver	.19	± .148	28
dire	.12	± .135	23
venir	.09	± .153	14
			10361

A l'aide de ce tableau il est facile de calculer le degré de grammaticalité que notre grammaire attribue à des séquences QON qui sont construites avec les verbes mentionnés.Quelques exemples l'illustreront.Mais,encore une fois,faute de données,il nous est impossible de peser l'effet du facteur 'nature du sujet' d'une part,et celui du choix du verbe d'autre part.Choisissons,à titre d'exemple,les verbes *pouvoir*,*faire* et *avoir*.Le degré de grammaticalité des QON construites avec ces verbes est déterminé comme suit :

(221) γ(QON 1,V=*pouvoir*) = 1 - (.75 × .73) = .45

γ(QON 4a ou 5,V=*pouvoir*) = (.75 × .73) = .55

γ(QON 1,V=*faire*) = 1 - (.75 × .22) = .84

γ(QON 4a ou 5,V=*faire*) = (.75 × .22) = .16

γ(QON 1,V=*avoir*) = 1 - (.75 × .48) = .64

---

n=2597).C'est ce qui explique pourquoi *être*,dans le tableau 11 de la section 6.4.(p.75) n'est pas marqué '+' dans la colonne 'QON 4,5'.

γ(QON 4a ou 5,V=*avoir*) = (.75 × .48) = .36

En ce qui concerne le temps et le nombre de syllabes de la forme verbale conjuguée,on peut les incorporer sans peine dans la table qui contient les modalités d'application de T-INV.SUJ.PCL. Mais,ici encore,nous devons prévenir le lecteur que,faute de données,il nous a été impossible de déterminer l'ampleur de l'interaction de ces facteurs et de ceux dont il a été question plus haut.Pour la même raison nous sommes obligé de considérer le temps et le nombre de syllabes du verbe conjugué comme des variables indépendantes,bien qu'il soit tout à fait clair qu'en réalité ces facteurs dépendent au moins partiellement l'un de l'autre.

Le temps le plus favorable à l'application de T-INV.SUJ. PCL. est le présent : p(T-INV.SUJ.PCL.) = .61 (i.c.: ± .009, n=11409)(cf. Behnstedt 1973:292).Pour ce qui est du nombre de syllabes,la valeur maximum de p(T-INV.SUJ.PCL.) est atteinte lorsque la forme verbale est monosyllabique : p(T-INV.SUJ.PCL.) = .72 (i.c. : ± .001,n=8446)(cf. Behnstedt 1973:291).Le tableau 18 résume l'effet des autres temps par rapport au présent :

Tableau 18 : Effet sur p(T-INV.SUJ.PCL.) du temps de la forme verbale conjuguée

temps	effet sur p(T-INV.SUJ.PCL.)	i.c.	n
présent	1.00		11409
imparfait	.29	± .049	340
futur	.95	± .035	151

Le tableau 19 résume l'effet sur p(T-INV.SUJ.PCL.) d'une forme verbale qui comporte deux syllabes,ou trois syllabes et davantage,par rapport à une forme monosyllabique :

Tableau 19 : Effet sur p(T-INV.SUJ.PCL.) du nombre de syllabes de la forme verbale conjuguée

nombre de syllabes	effet sur p(T-INV.SUJ.PCL.)	i.c.	n
1	1.00		8446
2	.44	± .018	2894
3 ou plus	.29	± .034	729

Nous donnons de nouveau quelques exemples pour montrer comment on peut se servir de ces tables :

(222) γ(QON 1,Tps=présent) = 1 - .61 = .39

γ(QON 1,Tps=imparfait) = 1 - (.61 × .29) = .82

γ(QON 4a,Tps=futur) = .61 × .95 = .58

(223) γ(QON 4a,$\bar{V}$=1 syllabe) = .72 × 1.00 = .72

γ(QON 1,$\bar{V}$=3 syllabes) = 1 - (.72 × .29) = .79

Calculons maintenant l'effet du choix d'un mot K spécifique sur la probabilité d'application de T-ATTR.K,T-INV. SUJ.PCL. et R-RED.ESK (cp. le tableau 15 de la section 6.4., p.78).Nous devons nous limiter aux QK dont le sujet est un pronom,puisque les données numériques de Behnstedt (1973) ont trait seulement à cette catégorie de questions.Il s'ensuit que nous ignorons tout du poids relatif des facteurs 'choix du mot K' d'une part et 'nature du sujet' d'autre part.Par contre,nous sommes en mesure de comparer l'effet du choix du mot K en français soutenu avec l'effet de ce facteur en français familier et en français populaire,du moins pour ce qui est des règles T-ATTR.K et T-INV.SUJ.PCL. Cela est intéressant parce que nous saurons si le choix du mot K et le niveau de langue constituent des variables indépendantes.

A base des données numériques de Behnstedt (1973:214, 222,226 et 298-307) nous avons pu composer les tableaux 20, 21 et 22.

Tableau 20 : Effet sur p(T-ATTR.K) du choix du mot K en FP,FF et FS dans une QK à sujet pronominal

	FP			FF			FS		
	p	i.c.	n	p	i.c.	n	p	i.c.	n
p_{nl}	1.00			1.00			.94	.028	
pourquoi	1.00		83	1.00		43	1.00		281
comment	.97	.036	89	.95	.040	119	.99	.006	1198
où	.95	.043	101	.72	.097	85	.87	.035	371
quand	.77	.093	81	.41	.157	39	.46	.106	89
combien	.76	.088	93	.25	.090	92	.34	.043	489
			447			378			2428

L'on constate sans peine qu'en ce qui concerne T-ATTR.K

l'effet du choix du mot K n'est pas indépendant du niveau de langue.S'il est vrai que l'ordre dans lequel se rangent les cinq mots K du tableau 20 est le même pour les trois niveaux,il faut ajouter tout de suite que l'importance de la contribution à la probabilité d'application de T-ATTR.K varie d'un niveau à l'autre pour *où* et que dans le cas de *quand* et de *combien* l'effet est significativement plus grand en français soutenu et en français familier qu'en français populaire.

Quant à T-INV.SUJ.PCL.,l'interaction des facteurs 'choix du mot K' et 'niveau de langue' est encore beaucoup plus nette,comme le montre le tableau 21 :

Tableau 21 : Effet sur p(T-INV.SUJ.PCL.) du choix du mot K en FP,FF et FS dans une QK à sujet pronominal

	FP			FF			FS		
	p	i.c.	n	p	i.c.	n	p	i.c.	n
p_{nl}	.65	.121		.64	.123		1.00		
quand	1.00		62	.97	.085	16	1.00		38
où	.95	.044	96	1.00		61	.99	.011	302
pourquoi	.89	.069	83	.14	.106	43	.74	.054	265
comment	.78	.089	86	.17	.071	113	.82	.023	1112
combien	.65	.113	71	.00		23	.83	.060	154
			398			255			1871

Dans le tableau 22 nous présentons les résultats du calcul concernant l'effet du choix du mot K sur la probabilité d'application de la règle qui réduit *est-ce que* en *que*.

Tableau 22 : Effet sur p(R-RED.ESK) du choix du mot K en FP

	p	i.c.	n
p_{max}	.80	.146	
combien	1.00		30
comment	.91	.086	44
pourquoi	.86	.100	48
où	85	.093	59
quand	.15	.113	40
			221

Quelques exemples illustreront,ici encore,comment on peut

déterminer à l'aide des trois derniers tableaux le degré de grammaticalité que notre grammaire attribue aux questions K à sujet pronominal qui contiennent un des mots examinés :

(224)

		T-ATTR.K	T-INV.SUJ.PCL.	R-RED.ESK	
γ(QK 1a,4 ;	FP :	(1.00 × 1.00) ×	1-(.65 × .89)		= .42
K = *pour-*	FF :	(1.00 × 1.00) ×	1-(.64 × .14)		= .91
quoi)	FS :	(.94 × 1.00) ×	1-(1.00 × .74)		= .24
γ(QK 2a,5 ;	FP :	(1.00 × .95) ×	(.65 × .95) ×	(.80 × .85)	= .40
K = *où*)	FF :	(1.00 × .72) ×	(.64 ×1.00) ×	(.00)	= .00
	FS :	(.94 × .87) ×	(1.00 × .99) ×	(.00)	= .00
γ(QK 3,7a ;	FP :	(1.00 × .97) ×	(.65 × .78) ×	1-(.80 × .91)	= .13
K = *com-*	FF :	(1.00 × .95) ×	(.64 × .17) ×	1-(.00)	= .10
ment)	FS :	(.94 × .99) ×	(1.00 × .82) ×	1-(.00)	= .76
γ(QK 6a ;	FP :	1-(1.00 × .76) ×			= .24
K = *com-*	FF :	1-(1.00 × .25) ×			= .75
bien)	FS :	1-(.94 × .34) ×			= .68

Dans les pages qui précèdent,nous nous sommes limité à l'effet des cinq mots K : *où*,*comment*,*quand*,*pourquoi* et *combien* dans les QK à sujet pronominal.Mais il ne serait pas difficile d'étendre l'analyse à d'autres cas.C'est ainsi qu'on peut rendre compte de l'inacceptabilité des énoncés d'une séquence QK 7b dont le mot K = *pourquoi* (cf. la remarque finale de la section 7.1.2.,p.89) en notant dans le lexique que l'effet de *pourquoi* sur p(T-INV.SUJ.NOM.) = *1*. C'est dire que le choix du mot K *pourquoi* rend l'application de cette transformation obligatoire.De façon analogue,il convient de préciser que lorsque le constituant K = *que*, p(T-INV.SUJ.PCL.) = .00 si *que* est suivi d'un Sn (c'est-à-dire si la variable X dans l'analyse structurale de cette transformation ≠ 0),et que p(T-INV.SUJ.PCL.) = *1* si *que* n'est pas suivi d'un Sn (si X = 0).Indépendamment de la nature du sujet,l'effet de *que* sur p(T-SUP.SUJ.PCL.) et sur p(T-INV.SUJ.NOM.) = *1*,tandis que son effet sur p(R-RED. ESK) = .00 .Si ces propriétés sont incorporées dans la spécification lexicale de *que*,il est impossible d'engendrer les séquences suivantes :

(225)**Que Pierre a fait ?* (parce que p(T-INV.SUJ.NOM) = *1*)

(226)**Que Pierre a-t-il fait ?* (parce que p(T-INV.SUJ.PCL. = .00 si *que* est suivi d'un Sn)

(227)**Que que Pierre a fait ?* (parce que p(R-RED.ESK) = .00)

(228)**Qu'il a fait ?* (parce que p(T-INV.SUJ.PCL.) = *1*,si *que* n'est pas suivi d'un Sn)

Bien entendu,cette solution n'*explique* pas le comportement de *que*,mais elle nous permet de traiter *que* comme tous les autres mots K,la seule différence consistant en ceci que pour la plupart d'entre eux l'effet sur la probabilité d'application de certaines règles se situe quelque part entre 0 et 1,tandis que dans le cas de *que*,l'effet est extrême : .00 ou *1*.

Pour conclure cette section,faisons remarquer qu'il est indispensable de vérifier les prédictions de notre grammaire concernant le degré de grammaticalité des séquences interrogatives engendrées,en les comparant aux données d'un corpus différent de celui de Behnstedt (1973).La grammaire,et en particulier la valeur des indices numériques,devra être revue et corrigée en fonction des résultats de cette vérification.C'est seulement après plusieurs de ces opérations que la description atteindra un degré d'adéquation satisfaisant.

LISTE D'EXEMPLES TYPE

QON	1a	*Vous allez revenir bientôt ?*
QON	1b	*Paul a déjà fini de manger ?*
QON	1a+b	*Ton papa il boit beaucoup ?*
QON	2	*Est-ce qu'il est malade ?*
QON	3	*Tu viens-ti ?*
QON	4a	*Partirez-vous aujourd'hui ?*
QON	5	*Les Français ont-ils vraiment besoin de vous ?*
QK	1a	*Depuis quand tu es ici ?*
QK	1b	*Depuis quand Pierre est malade ?*
QK	1a+b	*Pourquoi ta soeur elle ne veut pas venir jouer ?*
QK	2	*Quelle heure qu'il est ?*
QK	3	*Où est-ce qu'il habite ?*
QK	4	*A quelle heure c'est que le camion va passer ?*
QK	5	*Où que c'est que tu vas comme ça ?*
QK	6a	*Vous êtes combien ?*
QK	6b	*Votre mère vient de quelle région ?*
QK	6a+b	*Ton frangin il vient quand ?*
QK	7a	*Comment a-t-il pu réaliser cet exploit ?*
QK	7b	*Où sont passées mes cigarettes ?*
QK	8	*Depuis quand Pierre est-il malade ?*

Chapitre 8

Conclusions de la deuxième partie

1. Nous avons fait la distinction entre trois niveaux de langue en français parlé : le français populaire, le français familier et le français soutenu.
2. Il convient de distinguer également :
   - les questions 'oui/non' (QON) des questions contenant un mot interrogatif (QK) ;
   - les questions à sujet pronominal faible des questions à sujet nominal ;
   - les séquences disloquées des séquences dont le sujet nominal est suivi immédiatement (sans pause) d'un sujet pronominal faible.
3. Une analyse de l'interrogation directe en français parlé, effectuée par Behnstedt (1973), révèle que :
   - la construction dominante en français populaire et en français familier est celle où l'interrogation se fait par l'intonation (types QON 1 et QK 1) ;
   - en ce qui concerne les QK, le français populaire est plus varié que le français familier ;
   - la différence la plus importante qui oppose le français soutenu aux deux autres niveaux de langue consiste en ceci que l'inversion du sujet sous toutes ses formes y est beaucoup plus fréquente qu'en français populaire et en français familier.
4. Le linguiste qui s'intéresse aux différences entre plusieurs registres ne doit pas se fier à des jugements d'acceptabilité relative, même s'il les a obtenus en utilisant une méthode irréprochable. C'est l'usage qu'il faut suivre.
5. Les facteurs qui, d'après les données de Behnstedt (1973),

déterminent le degré d'acceptabilité relative d'un énoncé interrogatif sont :

- la nature du sujet de la séquence correspondante (nom ou pronom faible) et,si le sujet est un pronom,le choix spécifique de ce pronom ;
- le choix du verbe ;
- le temps et le nombre de syllabes de la forme verbale conjuguée ;
- le choix du mot K.

6. Dans une description générative-transformationnelle adéquate de l'interrogation directe en français parlé,l'inversion du sujet doit être décrite au moyen de deux transformations,l'une s'appliquant seulement aux pronoms sujets clitiques,l'autre aux sujets nominaux.
7. La transformation d'inversion du sujet nominal déplace ce constituant non pas vers la fin de la proposition,mais elle l'insère à droite du complément avec lequel le verbe forme une unité sémantique.Si un tel complément fait défaut,le sujet inversé se retrouve immédiatement à droite de la dernière forme verbale.Certains problèmes qui se posent lorsqu'on essaie de formuler cette transformation disparaissent si l'on accepte le cadre de la théorie de Emonds (1970).L'application de la transformation d'inversion du sujet nominal est facultative.
8. Les pronoms clitiques sujets doivent être engendrés directement dans la base et non pas par une transformation de pronominalisation.Ces pronoms - à l'exception de *ce* - ne remontent pas au constituant Sn,mais au constituant Aux.Une transformation facultative efface les pronoms clitiques qui,à ce stade de la dérivation,sont toujours précédés immédiatement du Sn avec lequel ils s'accordent.
9. La transformation facultative d'inversion du sujet pronom clitique insère ce constituant directement à droite de la forme verbale conjuguée.
10. La transformation qui attire le constituant qui contient le mot interrogatif,dans le complémentiseur est facultative.
11. Les unités phraséologiques,comme *est-ce que*,qui présen-

tent encore des régularités syntaxiques,ne doivent pas être introduites telles quelles dans le lexique.On peut les engendrer transformationnellement et rendre compte de leurs particularités dans le filtre de surface qui est décrit par les auteurs qui se sont occupés récemment de la composante morphologique d'une grammaire générative-transformationnelle.

12. La séquence *Où que c'est que tu vas ?* remonte à la même source que la séquence *Où est-ce que c'est que tu vas ?* La réduction de *est-ce que* en *que* est effectuée par une règle morphologique ou phonologique.
13. Les constructions disloquées doivent être engendrées dans la base.Afin de pouvoir les dériver toutes,il faut postuler deux règles syntagmatiques au lieu d'une seule.
14. L'ordre d'application des quatre transformations facultatives qui ont été décrites,est le suivant :
    (1) T-ATTRACTION CONSTITUANT K
    (2) T-INVERSION SUJET PRONOM CLITIQUE
    (3) T-SUPPRESSION SUJET PRONOM CLITIQUE
    (4) T-INVERSION SUJET NOMINAL
15. Les règles variables introduites par Labov (1969) constituent un raffinement indispensable de la dichotomie de l'application et de la non-application d'une règle. Le modèle multiplicatif de Cedergren & Sankoff (1974) est préférable au modèle additif de Labov.
16. Une grammaire à règles variables permet de traduire toutes les différences entre les trois niveaux de langue que nous avons distingués,en termes de la probabilité d'application des règles concernées.
17. Si l'on définit le degré de grammaticalité d'une séquence comme le produit de la probabilité d'application des règles qui ont contribué à la dérivation de cette séquence,on peut rendre compte de toutes les différences d'acceptabilité enregistrées par Behnstedt (1973).Comme la probabilité d'application de certaines règles dépend en partie du choix d'unités lexicales spécifiques,il convient de préciser cet effet dans le lexique.

18. Pour ce qui concerne l'interrogation directe,il faut conclure que quelques-uns des facteurs qui déterminent la probabilité d'application des règles considérées,ne constituent pas des variables indépendantes.

Conclusion générale

La première partie de ce livre a été consacrée à une étude générale de la relation entre,d'une part,l'ensemble des énoncés jugés acceptables par le sujet parlant,et,d'autre part,l'ensemble des séquences engendrées par une grammaire générative-transformationnelle.Cette étude était nécessaire parce que les avis des linguistes et psychologues sont partagés sur cette question : si les uns estiment que les deux ensembles sont en relation d'équipollence,les autres posent que l'ensemble des séquences qui correspondent aux énoncés jugés acceptables,est inclus strictement dans celui des séquences engendrées par la grammaire.Pourtant,une grammaire proposée serait falsifiable beaucoup plus facilement si les deux ensembles se recouvraient.C'est pourquoi nous avons voulu examiner les arguments de ceux qui croient que ces ensembles ne se recouvrent pas totalement.A cette fin nous avons tout d'abord considéré de plus près l'ensemble des séquences correspondant aux énoncés jugés acceptables.Les résultats d'une série d'expériences psycholinguistiques nous ont fait conclure que l'acceptabilité est une propriété que tous les énoncés ne possèdent pas au même degré.Autrement dit,l'ensemble défini par cette propriété est flou.Dans ces conditions,les seules méthodes valables pour interroger des témoins sur l'acceptabilité d'un énoncé,sont celles où l'on ne demande pas à ces témoins d'exprimer un jugement d'acceptabilité absolue.Par conséquent,les épreuves qui consistent à classer mutuellement plusieurs énoncés s'imposent.Afin de pouvoir rendre compte en termes grammaticaux des résultats de ces tests,l'on se trouve dans la nécessité de développer une notion théorique de degré de grammaticalité.Nous avons vu que la proposition que Chomsky avait faite à ce sujet,est inadéquate.En effet,non seulement elle n'est pas complète, mais encore les prédictions concrètes qu'on peut en déduire ne se vérifient que très partiellement.Les résultats d'expériences psycholinguistiques nous ont conduit à poser qu'il faut rejeter toute proposition fondée sur l'hypothèse qu'il est possible de définir une échelle de degrés de grammaticalité en termes d'une hiérarchie unique de règles ou de catégories.En d'autres mots,la notion de grammaticalité est pluridimensionnelle.Dans ces conditions,il était indispensable de prévoir un mécanisme évaluateur dont la tâche consiste à réunir les effets des différents types d'écarts par rapport à la normale.En nous inspirant du principe des règles variables de Labov (1969),nous avons proposé de rendre compte du caractère flou de l'ensemble des séquences correspondant aux énoncés jugés acceptables,en associant à chaque règle de la grammaire un indice précisant la probabilité d'application de cette règle.Cette hypothèse implique que le mécanisme évaluateur peut se réduire à une simple opération de multiplication,le degré de grammaticalité d'une séquence étant défini maintenant comme le produit des probabilités d'application des règles qui ont contribué à la dérivation de cette séquence.Ensuite,nous sommes revenu sur la question de la relation entre l'ensemble des séquences qui correspondent aux énoncés jugés plus ou moins acceptables par le sujet parlant d'une part,et l'ensemble des séquences qu'engendre la grammaire d'autre part.Nous avons montré que les arguments volitifs de ceux qui posent que ces deux ensembles ne se recouvrent pas,ne sont pas recevables.Quant aux arguments d'impuissance,nous avons fait remarquer que l'inacceptabilité relative des énoncés qui correspondent à des séquences complexes,peut probablement être expliquée en termes de propriétés globales des dérivations aboutissant à ces séquences.En ce qui concerne la catégorie d'énoncés dont le degré d'acceptabilité varie en fonction des circonstances (en particulier le niveau de langue),nous avons démontré qu'il est parfaitement faisable de rendre compte de la variation des jugements exprimés,dans le cadre de notre proposition concernant la notion théorique de degré de grammaticalité.

Dans la seconde partie du livre nous avons appliqué les principes définis dans la première partie à un sujet syntaxique,à savoir l'interrogation directe en français parlé. Ce sujet est intéressant à cause du nombre de constructions possibles,qui,en principe,constituent des variantes libres. Grâce à une étude taxonomique existante,nous disposions d'un ensemble important de données numériques.Nous avons comparé trois niveaux de langue : le français populaire,le français familier et le français soutenu,et nous avons constaté que le linguiste qui s'intéresse aux différences entre ces niveaux ne doit pas se fier à des jugements d'acceptabilité relative,même s'ils ont été obtenus au moyen d'une méthode d'interrogation irréprochable.Dans ce domaine c'est l'usage qu'il faut suivre.Après avoir dressé l'inventaire des facteurs qui déterminent l'acceptabilité d'un énoncé interrogatif,nous sommes passé ensuite à la description générative-transformationnelle de l'interrogation directe en français parlé.En premier lieu nous avons formulé l'une après l'autre les règles qui permettent d'engendrer toutes les constructions interrogatives qui se rencontrent dans le parler des groupes socio-économiques urbains.Ce faisant,nous avons respecté le cadre théorique tel qu'il est défini par les publications de Chomsky (1973) et de Emonds (1970).Nous avons constaté ensuite qu'une grammaire à règles variables,c'est-à-dire une grammaire dont les règles sont pourvues d'un indice concernant leur probabilité d'application,permet de rendre compte de toutes les différences entre les trois niveaux de langue.Finalement,il a été démontré que si le degré de grammaticalité d'une séquence est défini comme le produit des probabilités d'application des règles qui ont joué un rôle dans la dérivation de cette séquence,toutes les différences d'acceptabilité concernant l'interrogation directe en français parlé peuvent effectivement être traduites en termes grammaticaux.

Bibliographie

Abraham,W.
1971 "Stil,Pragmatik und Abweichungsgrammatik",*in* von Stechov (éd.),1-13

Abraham,W. & Braunmüller,K.
1971 "Stil,Metapher und Pragmatik",*Lingua* 28,1-47

Allaire,S.
1973 *La subordination dans le français parlé devant les micros de la Radiodiffusion*,Paris

Anderson,S. & Kiparsky,P. (éds.)
1973 *A Festschrift for Morris Halle*,New York

Baker,C.L.
1970 "Notes on the Description of English Questions : the Role of an Abstract Question Morpheme",*Foundations of Language* 6,197-219

Bally,Ch.
1950[3] *Linguistique générale et linguistique française*, Berne

1951[3] *Traité de stylistique française*,Genève-Paris (2 tomes)

Bar-Hillel,Y.
1967 Compte rendu de : Fodor & Katz (1964),*Language* 43, 526-550

Bar-Hillel,Y. (éd.)
1971 *Pragmatics of natural language*,Dordrecht

Behnstedt,P.
1973 *Viens-tu?,est-ce que tu viens?,tu viens? - Formen und Strukturen des direkten Fragesatzes im Französischen*,Tübingen

Bernstein,B.
1964 "Elaborated and Restricted Codes.Their Social Origins and some Consequences",*American Anthropologist*,numéro spécial : *Ethnography of Communication*,55-69

Bever,T.G.
1970a "The influence of speech performance on linguistic structures",*in* Flores d'Arcais & Levelt (éds.),4-30

1970b "The cognitive basis for linguistic structures",*in* Hayes (éd.),279-362

Bickerton,D.
1971 "Inherent variability and variable rules",*Foundations of Language* 7,457-492

Bierwisch,M.
1965 "Eine Hierarchie syntaktisch-semantischer Merkmale",*Studia Grammatica* 5,29-86

1970 "Fehler-Linguistik",*Linguistic Inquiry* 1,397-414

Bierwisch,M. & Heidolph,K.E. (éds.)
1970 *Progress in linguistics*,Den Haag-Paris

Binninck,R.I. *et al.*(éds.)
1969 *Papers from the fifth meeting of the Chicago Linguistic Society*

Blinkenberg,A.
1958[2] *L'ordre des mots en français moderne*,tome 1,Copenhague

Blumenthal,A.L.
1966 "Observations with self-embedded sentences",*Psychonomic Science* 6,453-4

Bolinger,D.
1968 "Judgements of grammaticality",*Lingua* 21,34-40

Boons,J.P.
1973 "Acceptability,interpretation and knowledge of the world : Remarks on the verbe *planter (to plant)*", *Cognition* 2,183-211

Botha,R.P.
1968 *The function of the lexicon in transformational generative grammar*,Den Haag

1974 "Problematic aspects of the exception filter in professor Halle's 'morphology' ",distribué par : Indiana University Linguistics Club

Botha,R.P. (& Winckler,W.K.)
1973 *The justification of linguistic hypotheses.A study of nondemonstrative inference in transformational grammar*,Den Haag

Brandis,W. & Henderson,D. (éds.)
1970 *Social Class,Language and Communication*,London

Bresnan,J.
1970 "On complementizers : towards a syntactic theory of complement types",*Foundations of Language* 6, 297-321

Burt,M.
1971 *From deep to surface structure*,New York

Butters,R.R.
1967 *Linguistic deviance and linguistic competence*, thèse Iowa Univ.

1969 "On the interpretation of 'deviant utterances' ", *Journal of Linguistics* 6,105-110

1971 "Dialect variants and linguistic deviance",*Foundations of Language* 7,239-254

Casagrande,J.
1968 *On negation in French*,thèse Indiana Univ.

1970 "A case for glabal derivational constraints",*Papers in Linguistics* 2

Cedergren,H.J. & Sankoff,D.
1974 "Variable rules : performance as a statistical reflection of competence",*Language* 50,333-355

Chapman,R.S.
1967 *The interpretation of deviant sentences*,thèse Univ. of California,Berkeley

Chevalier,J.-Cl. & Blanche-Benveniste,C. & Arrivé,M. & Peytard,J.
1971[2] *Grammaire Larousse du français contemporain*,Paris

Chomsky,N.
1955 *The logical structure of linguistic theory*,thèse MIT,Cambridge,Mass.

1957 *Syntactic structures*,Den Haag

1961 "Some methodological remarks on generative grammar",*Word* 17,219-239

1963 "Formal properties of grammars",*in* Luce,Bush & Galanter (éds.),323-448 (Les citations renvoyent à la traduction française = Chomsky & Miller 1968)

1964 *Current issues in linguistic theory*,Den Haag

1965 *Aspects of the theory of syntax*,Cambridge,Mass.

1966 "Topics in the theory of generative grammar",*in* Sebeok (éd.),1-60

Chomsky,N.
1972 "Some empirical issues in the theory of transformational grammar",*in:Studies on semantics in generative grammar*,Den Haag,120-199

1973 "Conditions on transformations",*in* Anderson & Kiparsky (éds.),232-286

Chomsky,N. & Miller,G.A.
1968 *L'analyse formelle des langues naturelles*,Paris

Cohen,L.J.
1965 "On a concept of degrees of grammaticalness",*Logique et analyse* 8,141-153

Coleman,E.B.
1965 "Responses to a scale of grammaticalness",*Journ. Verb.Learn.Verb.Beh.* 4,521-7

Daems,F.
1974 *Gekloofde zinnen in het Nederlands*,thèse Antwerpen

Damourette,J. & Pichon,E.
1911-1936 *Des mots à la pensée.Essai de grammaire de la langue française*,Paris (7 tomes)

Danks,J.H.
1968 *Some factors involved in the comprehension of deviant english sentences*,thèse Princeton Univ.

Danks,J.H. & Glucksberg,S.
1970 "Psychological scaling of linguistic properties", *Language and Speech* 13,118-138

1971 "Psychological scaling of adjective orders",*Journ. Verb.Learn.Verb.Beh.* 10,63-7

Dauzat,R.E.
1939 Compte rendu de : Fromaigeat (1938),*Le français moderne* 7,91-3

Davidson,R.E.
1966 *Semi-grammaticalness in the free learning of sentences*,thèse Univ. of California,Berkeley

Davy,D. & Quirk,R.
1969 "An acceptability experiment with spoken output", *Journal of Linguistics* 5,109-120

Delattre,P.
1966 "Les dix intonations de base du français", *French Review* 40,1-14

1967 "La nuance de sens par l'intonation", *French Review* 41,326-339

Delattre,P.
1969 "L'intonation par les oppositions",*Le français dans le monde* 64,6-13

Doppagne,A.
1966 *Trois aspects du français contemporain*,Paris

Dougherty,R.C.
1969 "An interpretative theory of pronominalization", *Foundations of Language* 5,488-519

Downey,R.G. & Hakes,D.T.
1968 "Some psychological effects of violating linguistic rules",*Journ.Verb.Learn.Verb.Beh.* 7,158-161

Drange,T.
1966 *Type crossings*,Den Haag

Dubois,J.
1962 *Etude sur la dérivation suffixale en français moderne et contemporain*,Paris

1965 *Grammaire structurale du français : nom et pronom*, Paris

Dubois,J. & Dubois-Charlier,F.
1970 *Eléments de linguistique française : syntaxe*,Paris

Emonds,J.E.
1970 *Root and structure-preserving transformations*,distribué par : Indiana University Linguistic Club

1972 "A reformulation of certain syntactic transformations",*in* Peters (éd.),21-62

Fillenbaum,S.
1971 "Psycholinguistics",*American Review of Psychology* 22,251-308

Fillmore,C.J.
1972 "On generativity",*in* Peters (éd.),1-19

Fillmore,C.J. & Langendoen,D.T. (éds.)
1971 *Studies in linguistic semantics*,New York

Flores d'Arcais,G. & Levelt,W.J.M. (éds.)
1970 *Advances in psycholinguistics*,Amsterdam

Fodor,J. & Katz,J. (éds.)
1964 *The structure of language.Readings in the philosophy of language*,Englewood Cliffs,N.J.

Foulet,L.
1921 "Comment ont évolué les formes de l'interrogation",*Romania* 47,243-348

1963 *Petite syntaxe de l'ancien français*,Paris

Frankart,J. Delpierre-
1964 *Grammaticalness : its psychological dimensions and relation to habit*,thèse Ohio state univ.

Fromaigeat,E.
1938 "Les formes de l'interrogation en français moderne",*Vox Romanica* 3,1-47

Fromkin,V.
1971 "The non-anomalous nature of anomalous utterances", *Language* 47,25-52

Goldman-Eisler,F.
1968 *Psycholinguistics : experiments in spontaneous speech*,London

Gougenheim,G. & Michéa,R. & Rivenc,P. & Sauvageot,A.
1964 *Elaboration du français fondamental*,Paris

Greenbaum,S.
1973 "Informant elicitation of data on syntactic variation",*Lingua* 31,201-12

Greenbaum,S. & Quirk,R.
1970 *Elicitation experiments in English.Linguistic studies in use and attitude*,London

Grevisse,M.
1961[7] *Le bon usage*,Gembloux

Gross,M.
1968 *Grammaire transformationnelle du français*,Paris

Gross,M. & Halle,M. & Schützenberger,M.P. (éds.)
1973 *The formal analysis of natural language*,Den Haag

Guiraud,P.
1965 *Le français populaire*,Paris

Halle,M.
1973 "Prolegomena to a theory of word formation",*Linguistic Inquiry* 4,3-16

Hayes,J.R. (éd.)
1970 *Cognition and the development of language*,New York

Hill,A.A.
1961 "Grammaticality",*Word* 17,1-10

Hirschbühler,P.
1971 "Contribution à une étude transformationnelle de l'interrogation en français",*Le langage et l'homme* 16,28-35

1974 "La dislocation à gauche comme construction basique en français",*in* Rohrer & Ruwet (éds.),9-17

Hirschbühler,P.
1975 "On the source of lefthand NP's in French",*Linguistic Inquiry* 6,155-165

Householder,F.W.
1973 "On arguments from asterisks",*Foundations of Language* 10,365 - 376

Huddleston,R. & Uren,O.
1969 "Declarative,interrogative and imperative in French",*Lingua* 22,1-26

Huot,H.
1974 "Les relatives parenthétiques",*in* Rohrer & Ruwet (éds.),31-62

Imbs,P.
1960 *L'emploi des temps verbaux en français moderne. Essai de grammaire descriptive*,Paris

Jackendoff,R.S.
1972 *Semantic interpretation in generative grammar*, Cambridge,Mass.

1975 "Morphological and semantic regularities in the lexicon",*Language* 51,639-671

Jackendoff,R.S. & Culicover,P.
1971 "A reconsideration of dative movements",*Foundations of language* 7,397-412

Jenkins,L.
1972 "Modality in English syntax",distribué par : Indiana University Linguistic Club

Kalman,R.E. & DeClaris,N. (éds.)
1971 *Aspects of network and system theory*,New York

Kanngiesser,S.
1971 "Untersuchungen zum Aufbau einer generativen Linguistik",*in* Wunderlich (éd.),24-46

Katz,J.
1964 "Semi-sentences",*in* Fodor & Katz (éds.),400-416

1972 *Semantic theory*,New York

Katz,J. & Postal,P.
1964 *An integrated theory of linguistic description*, Cambridge,Mass.

Kaufmann,A.
1975 *Introduction à la théorie des sous-ensembles flous à l'usage des ingénieurs*,tome 2 : *applications à la linguistique,à la logique et à la sémantique*, Paris

Kayne,R.S.
1971 "A pronominalization paradox in French",*Linguistic Inquiry* 2,237-241

1973 "L'inversion du sujet en français dans les propositions interrrogatives",*Le français moderne* 41, 10-42 et 132-151

Kimball,J.
1973 "Seven principles of surface structure parsing in natural language",*Cognition* 2,15-47

Klima,E.S.
1964 "Relatedness between grammatical systems",*Language* 40,1-20

Kuroda,S.-Y.
1971 "Two remarks on pronominalization",*Foundations of language* 7,183-198

Labov,W.
1966 *The social stratification of English in New York City*,Washington D.C.

1969 "Contraction,deletion,and inherent variability of the english copula",*Language* 45,715-762

1970 "The study of language in its social context",*Studium generale* 23,30-87

1972 "Some principles of linguistic methodology",*Language in society* 1,97-120

Lakoff,G.
1969 "On derivational constraints",*in* Binninck (éd.), 117-139

1970a *Irregularity in syntax*,New York

1970b "Global rules",*Language* 46,627-639

1971a "The role of deduction in grammar",*in* Fillmore & Langendoen (éds.),63-70

1971b "On generative semantics",*in* Steinberg & Jakobovits (éds.),232-296

1971c "Presupposition and relative well-formedness",*in* Steinberg & Jakobovits (éds.),329-340

Langacker,R.W.
1965 "French interrogatives : a transformational description",*Language* 41,587-600

1966 *A transformational syntax of French*,thèse Univ. of Illinois

Langacker,R.W.
1969 "On pronominalization and the chain of command",*in* Reibel & Shane (éds.),160-186

1972 "French interrogatives revisited",*in* J.Casagrande & B.Saciuk (éds.),*Generative studies in Romance languages*,Rowley,Mass.,36-69

1974 "The question of Q",*Foundations of language* 11,1-37

Langendoen,D.T. & Kalish-Landon,N. & Dore,J.
1973 "Dative questions : a study in the relation of acceptability to grammaticality of an English sentence type",*Cognition* 2,451-478

Lawton,D.
1970 *Social class,language and education*,London

Le Bidois,R.
1952 *L'inversion du sujet dans la prose contemporaine (1900-1950),étudiée plus spécialement dans l'oeuvre de Marcel Proust*,Paris

Le Bidois,G. & Le Bidois,R.
1968[2] *Syntaxe du français moderne.Ses fondements historiques et psychologiques*,Paris (2 tomes)

Leech,G.N.
1968 "Some assumptions in the metatheory of linguistics",*Linguistics* 39,87-102

1974 *Semantics*,Penguin Books

Levelt,W.J.M.
1972 "Some psychological aspects of linguistic data", *Linguistische Berichte* 17,18-30

1974 *Formal grammars in linguistics and psycholinguistics*,Den Haag (3 tomes)

Levelt,W.J.M. & van Gent,J. & Haans,A. & Meijers,A.
1975ms "Grammaticality,paraphrase and imagery"

Lipka,L.
1971 "Grammatikalität,Akzeptabilität und Produktivität in der Sprache",*in* von Stechov (éd.),142-151

Luce,R.D. & Bush,R. & Galanter,E. (éds.)
1963 *Handbook of mathematical psychology*,tome 2,New York

Lyons,J.
1968 *Introduction to theoretical linguistics*,Cambridge

Maclay,H. & Sleator,M.D.
1960 "Responses to language : judgments of grammaticalness",*Intern.Journal of American Ling.* 26,275-282

Marks,L.E.
1968 "Scaling of grammaticalness of self-embedded english sentences",*Journ.Verb.Learn.Verb.Beh.* 7,965-7

Marks,L.E. & Miller,G.A.
1964 "The role of semantic and syntactic constraints in the memorization of english sentences",*Journ.Verb.Learn.Verb.Beh.* 3,1-5

Marouzeau,J.
1965 *Précis de stylistique française*,Paris

Martin,J.E.
1968 *A study of the determinants of preferred adjective order in English*,thèse Univ. of Illinois

1969 "Semantic determinants of preferred adjective order",*Journ.Verb.Learn.Verb.Beh.* 8,697-704

Martin,J.G.
1968 "A comparaison of ordinary,anomalous and scrambled word strings",*Journ.Verb.Learn.Verb.Beh.* 7,390-5

Martinet,A.
1967[2] *Eléments de linguistique générale*,Paris

Mauger,G.
1968 *Grammaire pratique du français d'aujourd'hui.Langue parlée,langue écrite*,Paris

Meisel,J.
1973 *Einführung in die transformationelle Syntax*,tome 2: *Anwendung auf das Französische*,Tübingen

Mel'čuk,I.A.
1970 "Towards a functioning model of language",*in* Bierwisch & Heidolph (éds.),198-207

Miller,G.A. & Chomsky,N.
1963 "Finitary models of language users",*in* Luce,Bush & Galanter (éds.),419-492

Miller,G.A. & Isard,S.
1963 "Some perceptual consequences of linguistic rules", *Journ.Verb.Learn.Verb.Beh.* 2,217-228

1964 "Free recall of self-embedded english sentences", *Information and control* 7,292-303

Millner,J.-Cl.
1974 "Les exclamatives et le complementizer",*in* Rohrer & Ruwet (éds.),78-121

Moignet,G.
1965 *Le pronom personnel français : essai de psycho-systématique historique*,Paris

Moore,T.E.
1972 "Speeded recognition of ungrammaticality",*Journ. Verb.Learn.Verb.Beh.* 11,550-560

Muller,Ch.
1968 *Initiation à la statistique linguistique*,Paris

Nooteboom,S.G.
1969 "The tongue slips into patterns",*in:NOMEN,Leyden studies in linguistics and phonetics*,Den Haag, 114-132

Patton,T.E.
1968 "Syntactic deviance",*Foundations of language* 4, 138-154

Perlmutter,D.M.
1971 *Deep and surface structure constraints in syntax*, New York

Peterfalvi,J.M. & Locatelli,F.
1971 "L'acceptabilité des phrases",*L'année psychologique* 71,417-427

Peters,S. (éd.)
1972 *Goals of linguistic theory*,Englewood Cliffs,N.J.

Pinchon,J.
1967 "Les procédés interrogatifs",*Le français dans le monde* 49,47-9

Pohl,J.
1965 "Observations sur les formes d'interrogation dans la langue parlée et dans la langue écrite non littéraire",*Actes du Xe Congrès International de Linguistique et Philologie Romanes*,tome 2,501-512

Postal,P.M.
1971 *Cross-over phenomena*,New York

1972 "The best theory",*in* Peters (éd.),131-170

1973 "A global constraint on pronominalization",*in* Gross,Halle & Schützenberger (éds.),100-132

Pottier,B.
1967 *Présentation de la linguistique*,Paris

Puhvel,J. (éd.)
1969 *Substance and structure of language*,Berkeley - Los Angeles

Quirk,R. & Svartvik,J.
1966 *Investigating linguistic acceptability*,Den Haag

Reibel,D.A. & Shane,S.A. (éds.)
1969 *Modern studies in English.Readings in transformational grammar*,Englewood Cliffs,N.J.

Renchon,H.
1967 *Etudes de syntaxe descriptive*,tome 2 : *la syntaxe de l'interrogation*,Bruxelles

Robach,I.B.
1974 *Etude socio-linguistique de la segmentation syntaxique du français parlé*,Lund

Rohrer,C.
1971 "Zur Theorie der Fragesätze",*in* Wunderlich (éd.), 109-126

Rohrer,C. & Ruwet,N.
1974 *Actes du colloque franco-allemand de grammaire transformationnelle*,tome 1 : *études de syntaxe*,Tübingen

Ross,J.R.
1967 *Constraints on variables in syntax*,distribué par : Indiana University Linguistic Club

1972 "Doubl-ing",*Linguistic Inquiry* 3,61-86

Rothe,W.
1972 *Phonologie des Französischen*,Berlin

Roulet,E.
1969 *Syntaxe de la proposition nucléaire en français parlé*,Bruxelles

Ruwet,N.
1968[2] *Introduction à la grammaire générative*,Paris

1972 *Théorie syntaxique et syntaxe du français*,Paris

1975 "Montée du sujet et extraposition",*Le français moderne* 43,97-134

Schlesinger,I.M.
1971 "On linguistic competence",*in* Bar-Hillel (éd.), 150-172

Schultink,H.
1974 "Plaats en aard van morfologische regels in een transformationeel-generatief taalmodel",*Forum der letteren* 15,23-39

Schwarze,C.
1971 "Bemerkungen über Selektionsmerkmale",*in* Wunderlich (éd.),166-277

Sebeok,T.A.
1966 *Current trends in linguistics*,tome 3 : *theoretical foundations*,Den Haag

Selkirk,E.
1967 "Performance and semi-grammatical sentences",*in* Slobin & Carrier (éds.)

Seuren,P.A.M.
1969 *Operators and nucleus.A contribution to the theory of grammar*,Cambridge

Siegel,S.
1956 *Nonparametric statistics for the behavioral sciences*,New York

Slobin,D. & Carrier,S. (éds.)
1967 *Berkeley psycholinguistic papers*,Berkeley

Stechov,A. von (éd.)
1971 *Beiträge zur generativen Grammatik* (Referate des 5. ling. Kolloquiums Regensburg 1970)

Steinberg,D.S. & Jakobovits,L.A. (éds.)
1971 *Semantics.An interdisciplinary reader in philosophy,linguistics and semantics*,Cambridge

Stolz,W.S.
1969 "Some experiments with queer sentences",*Language and speech* 12,203-219

Sundene,B.
1966 *Factors affecting syntactic performance*,thèse univ. of Wisconsin

Suppes,P.
1970 "Probabilistic grammars for natural languages", *Synthese* 22,95-116

Terry,R.M.
1967 "The frequence of use of the interrogative formula *est-ce que*",*French Review* 40,814-6

Todorov,T.
1966 "Les anomalies sémantiques , *Langages* 1,100-123

Tombe,L. des
1972 "Wat voor soort psychologie is taalkunde eigenlijk ?",*T.I.N.1971*,Amsterdam,115-8

1975 "The cycle in perception",*Linguistics in the Netherlands (1972-3)*,276-281

Uhlenbeck,E.M.
1973 *Critical comments on transformational generative grammar*,Den Haag

Verkuyl,H.J.
1975 "Het individuele lexicon",*Handelingen van het 33e Nederlands filologencongres*,Amsterdam,56-70

Verkuyl,H.J. e.a.
1973 *Transformationele taalkunde*,Aula 509,Utrecht/Antwerpen

Wagner,R.L. & Pinchon,J.
1962² *Grammaire du français classique et moderne*,Paris

Weinreich,U.
1966 "Explorations in semantic theory",*in* Sebeok (éd.), 395-477

1967 "Problems in the analysis of idioms",*in* Puhvel (éd.),23-81

Wunderlich,D. (éd.)
1971 *Probleme und Fortschritte der Transformationsgrammatik*,München

Zadeh,L.A.
1971 "Toward a theory of fuzzy systems",*in* Kalman & DeClaris (éds.),469-490

Ziff,P.
1964a "On understanding 'understanding utterances' ",*in* Fodor & Katz (éds.),390-9

1964b "About ungrammaticalness",*Mind* 73,204-214

Zwanenburg,W.
1964 *Recherches sur la prosodie de la phrase française*, Leiden

1968 "Etat actuel de la description du français parlé", *Levende Talen* 244,82-9

1975 "Question,périphrase grammaticale et détachement en français",*Le français moderne* 43,135-157

Index des noms propres

Index des notions

Table des matières